普通高等教育电气信息类规划教材

教育部财政部职业院校教师素质提高计划职教师资培养资源开发项目
《职教师资本科自动化专业培养标准、培养方案、核心课程和特色教
材开发》专业职教师资培养资源开发（VTNE030）

免费教学资源下载
www.cmpedu.com

U0386422

自动控制原理及仿真技术

刘君义　主编

田佳　雷霞　方健　副主编

机械工业出版社
CHINA MACHINE PRESS

全书分为五个情境，共 20 个任务。其中前三个情境为并列关系，这三个情境都按照建立系统数学模型—分析系统稳定性—分析控制系统精度—分析控制系统暂态性能指标—改善系统性能这一结构进行。后两个情境也为并列关系，加深了难度，同时也是前三个情境的深化，其按照分析原系统性能—比较给定性能指标要求—重新设计系统—求取新系统参数—验证新系统是否满足期望性能指标要求这一结构进行设置。本书精选了近几十年来经典的控制理论丛书作为理论参考，同时结合现代教育法，采用项目教学方式，将传统经典的课程以项目为载体进行讲解，力求达到理实一体、讲练结合的功效。

本书可作为电气类及信息类相关专业的本科教材，也可作为较深层次的控制理论课程的辅助用书。

图书在版编目（CIP）数据

自动控制原理及仿真技术/刘君义主编 . —北京：机械工业出版社，2017.8
ISBN 978-7-111-57667-9

Ⅰ . ①自…　Ⅱ . ①刘…　Ⅲ . ①自动控制理论 - 教材　②自动控制系统 - 仿真系统 - 教材　Ⅳ . ①TP13　②TP273

中国版本图书馆 CIP 数据核字（2017）第 191511 号

机械工业出版社（北京市百万庄大街 22 号　邮政编码 100037）
责任编辑：丁　伦　　责任印制：常天培
责任校对：张艳霞
涿州市京南印刷厂印刷

2017 年 11 月第 1 版·第 1 次印刷
184mm×260mm · 12.25 印张 · 293 千字
0001 - 3000 册
标准书号：ISBN 978-7-111-57667-9
定价：35.00 元（附赠免费教学资源）

出 版 说 明

《国家中长期教育改革和发展规划纲要（2010—2020年）》颁布实施以来，我国职业教育进入了加快构建现代职业教育体系、全面提高技能型人才培养质量的新阶段。加快发展现代职业教育，实现职业教育改革发展新跨越，对职业学校"双师型"教师队伍建设提出了更高的要求。为此，教育部明确提出，要以推动教师专业化为引领，以加强"双师型"教师队伍建设为重点，以创新制度和机制为动力，以完善培养培训体系为保障，以实施素质提高计划为抓手，统筹规划，突出重点，改革创新，狠抓落实，切实提升职业院校教师队伍的整体素质和建设水平，加快建成一支师德高尚、素质优良、技艺精湛、结构合理、专兼结合的高素质、专业化的"双师型"教师队伍，为建设具有中国特色、世界水平的现代职业教育体系提供强有力的师资保障。

目前，我国共有60余所高校正在开展职教师资培养，但由于教师培养标准的缺失和培养课程资源的匮乏，制约了"双师型"教师培养质量的提高。为完善教师培养标准和课程体系，教育部、财政部在"职业院校教师素质提高计划"框架内专门设置了职教师资培养资源开发项目，中央财政划拨1.5亿元，系统地开发用于本科专业的职教师资培养标准、培养方案、核心课程和特色教材等系列资源。其中，包括88个专业项目、12个资格考试制度开发等公共项目。这些项目由42所开设职业技术师范专业的高校牵头，组织近千家科研院所、职业学校、行业企业共同研发，号召一大批专家学者、优秀校长、一线教师、企业工程技术人员参与其中。

经过三年的努力，培养资源开发项目取得了丰硕成果。一是开发了中等职业学校88个专业（类）职教师资本科培养资源项目，内容包括专业教师标准、专业教师培养标准、评价方案，以及一系列专业课程大纲、主干课程教材及数字化资源；二是取得了6项公共基础研究成果，内容包括职教师资培养模式、国际职教师资培养、教育理论课程、质量保障体系、教学资源中心建设和学习平台开发等；三是完成了18个专业大类职教师资资格标准及认证考试标准的开发。基于上述成果，完成了共计800多本正式出版物。总体来说，培养资源开发项目实现了高效益，形成了一大批资源，填补了相关标准和资源的空白；凝聚了一支研发队伍，强化了教师培养的"校—企—校"协同；引领了一批高校的教学改革，带动了"双师型"教师的专业化培养。职教师资培养资源开发项目是支撑专业化培养的一项系统化、基础性工程，是加强职教教师培养培训一体化建设的关键环节，也是对职教师资培养培训基地教师专业化培养实践、教师教育研究能力的系统检阅。

自2013年项目立项开题以来，各项目承担单位、项目负责人及全体开发人员做了大量深入细致的工作，结合职教教师培养实践，研发出很多填补空白、体现科学性和前瞻性的成果，有力地推进了"双师型"教师专门化培养向更深层次发展。同时，专家指导委员会的各位专家以及项目管理办公室的各位同志克服了许多困难，按照两部对项目开发工作的总体要求，为实施项目管理、研发、检查等投入了大量时间和心血，也为各个项目提供了专业的咨询和指导，有力地保障了项目实施和成果质量。在此，我们一并表示衷心的感谢。

编写委员会

前　　言

自动控制原理是自动化学科的重要理论基础，是专门研究有关自动控制系统中的基本原理、基本方法和基本概念的一门课程，是高等学校自动化类专业的一门核心基础理论课程，也适用于机械类、信息类等本科相关专业的学习。本书在研究本科阶段学习特点的同时也研究了高职院校学生的学习特点，深入浅出，注重"做中学"的学习导向，所以本书在适合作为本科院校教学用书的同时也适用于高职高专院校相关专业的学习。

本书的编写遵循以项目任务为载体，实践为导向，按照"理论讲透，重在应用"的原则，对曾经传统的教学模式、教学内容进行了较大的精炼和修改。力求做到深入浅出，通俗易懂，注重实际概念的叙述，同时也引用实例，使理论与实际相结合，培养学生的逻辑思维能力和解决问题的能力。

本书采用理实一体化的教学理念，突破了以往的理论与实践相脱节的现象，使得教学环节相对集中。本书强调教师的主导作用，通过设定一定的教学任务和教学目标，让师生双方边教、边学、边做，全程构建素质培养和技能培养框架，丰富课堂教学和实践教学环节，提高了教学质量。在整个教学环节中，直观和抽象交错出现，理论和实践交替进行，没有固定的先实后理或先理后实，而是理中有实，实中有理。这样的内容安排可以更加突出学生的动手能力和专业技能的培养，充分调动和激发学生的学习兴趣。

本书在教学理论体系上按照控制系统的一般概念→数学模型→系统性能分析方法→控制系统的校正与综合的体系结构进行安排，其中在性能分析方法上强调了时域分析法和频域分析法，而去掉了根轨迹分析法。此种结构主要是研究工程的近似计算和分析的方法，使教学思路更加清晰，同时使学生对该课程内容和教学目标可以更加容易理解和掌握。这是本书的一个基本特点。

MATLAB 是一种面向工程和科学运算的交互式计算软件，将 MATLAB 用于自动控制系统的计算、分析、设计和仿真，具有良好的教学效果。本书将 MATLAB 作为一种基本工具引入教学的各个环节，用于分析性能指标和解决设计的问题，弱化了系统分析或设计中的理论推导计算，强化分析和设计控制系统的方法研究，并有部分例题是应用 MATLAB 来进行控制系统的辅助分析、设计。这是本书的第二个特点。

为了强调理论知识的应用，注重启发学生拓展和创新的思维，加深学生对课程的理解，本书增加了自动控制系统示例，其内容充分体现了作者丰富的教学经验。这是本书的第三个特点。

为了结合实际以及增强学生的动手能力，本书在整体的课程设计中加入了实验箱的运用，将实例与实验箱相结合，使学生对控制系统有了更加深入的了解。这是本书的第四个特点。

全书分为五个情境，共 20 个任务。其中前三个情境为并列关系，这三个情境都按照建立系统数学模型—分析系统稳定性—分析控制系统精度—分析控制系统暂态性能指标—改善系统性能这一结构进行。后两个情境也为并列关系，加深了难度，同时也是前三个情境的深化，其按照分析原系统性能—比较给定性能指标要求—重新设计系统—求取新系统参数—验证新系统是否满足期望性能指标要求这一结构进行设置。

情境一以单容水箱液位控制系统为例，对其进行性能分析，主要围绕数学模型的建立，分析系统的动态过程、响应速度快慢及控制系统的精度，以及影响系统性能的原因进行介绍。

情境二针对简单的直流电机调速控制系统进行分析，根据最简单的控制目标，由电枢电流控制电机转速，建立数学模型，分析系统的动态过程。

情境三以直线一级倒立摆为载体，对其进行基于频域方法的系统分析与设计。

以上这三个情境整体分析呈现一种并列关系，但是其程度由浅入深，即：单容水箱系统性能分析（一阶系统）、电机调速系统性能分析（二阶系统）、基于频域法的直线一级倒立摆性能分析（高阶系统）。

情境四以三轴转台系统为例，对其进行了基于频域法的校正与设计，在系统中引入了调节器，以改善系统的稳定性能和动态性能。

情境五以精馏塔系统为载体，综合以上四个情境学过的理论和实践知识，对其提出性能指标要求，按照性能指标要求结合系统本身性能，利用频域的方法设计调节器，让系统性能达到指标要求。

在每个情境后，都有与相应情境匹配的习题，让学生可以在课上和课后，对所学知识进行巩固。

本书的编者都是"自动控制原理"课程教学的一线教师，具有丰富的教学经验，十分了解当前学生的需求以及课程的发展历程。本书是在整体教学讲义的基础上，广泛参考了国内外优秀的教学内容和体系结构，并且结合了编者教学经验而编写的。

本书由吉林工程技术师范学院刘君义担任主编，田佳、雷霞、方健担任副主编，其中参加编写的还有李炜、赵蕊、叶天迟、王彬、于静、孙艳红等。吉林工程技术师范学院电气工程学院自动化专业学生田梦雪、马春雨、孔祥茹、高月、刘泽禹等协助硬件调试以及软件绘图等工作，他们卓有成效的工作，使得本书更加贴合学生自身的情况，也更具有实用性。

鉴于编者能力有限，书中难免存在不足之处，恳请读者原谅，并提出宝贵建议。

编　者

目　　录

情境一　基于时域法的单容水箱液位控制系统的分析与设计——一阶系统的分析与设计

由于液位控制系统自动控制经验成熟，控制方式灵活，因此广泛应用于石油、化工、电站、冶金、轻工、制药、造纸、食品、自来水厂和污水处理等领域中，结合现代先进的 PLC、单片机、组态及网络控制技术，能对多种敞口和密闭容器及地下水池、水槽内介质进行测量和远程控制，并可在中央控制室或仪表控制台上进行监控、显示、报警。现应用 RTGK-2 型过程控制实验装置来模拟液位控制过程，该实验系统实物图如图 1-1 所示。

图 1-1　RTGK-2 型过程控制实验装置实物图

该实验装置的控制信号及被控信号均采用 IEC 标准，即电压为 0~5 V 或 1~5 V，电流为 0~10 mA 或 4~20 mA。该实验系统供电要求为单相交流 220 （±10%） V，10 A；外形尺寸为 167 mm×164 mm×73 mm，质量为 580 kg。该实验系统包括：不锈钢储水箱（长×宽×高：850 mm×450 mm×400 mm），强制对流换热器系统，串接圆筒有机玻璃上水箱（φ250 mm×370 mm）、中水箱（φ250 mm×370 mm）、下水箱（φ250 mm×270 mm），三相 4.5 kW 电加热锅炉（由不锈钢锅炉内胆加温筒和封闭式外循环不锈钢冷却锅炉夹套组成），纯滞后盘管实验装置。系统动力支路分为两路：一路由单相丹麦格兰富循环水泵、电动调节阀、涡轮流量计、自锁紧不锈钢水管及手动切换阀组成；另一路由小流量水泵、变频调速器、小流量电磁流量计、自锁紧不锈钢水管及手动切换阀组成。其中的检测变送和执行元件有液位传感器、温度传感器、涡轮流量计、电磁流量计、压力表、电动调节阀、电磁阀等。

RTGK-2 型过程控制实验装置的检测及执行装置包括：

检测装置：扩散硅压力液位传感器。分别用来检测上水箱、下水箱的液位和小流量水泵的管道压力；电磁流量计、涡轮流量计分别用来检测小流量泵动力支路流量和单相格兰富水泵动力支路流量；Pt100 热电阻温度传感器分别用来检测锅炉内胆、锅炉夹套和对流换热器冷水出口、热水出口、纯滞后盘管出口水温。

执行装置：三相晶闸管移相调压装置用来调节三相电加热管的工作电压；电动调节阀用来调节管道出水量；变频器用来调节小流量泵。

当启动装置对单容水箱的液位进行控制时，在上位机上的组态软件就会模拟显示液位的被控过程。图 1-2 是某次实验过程中组态界面显示结果。

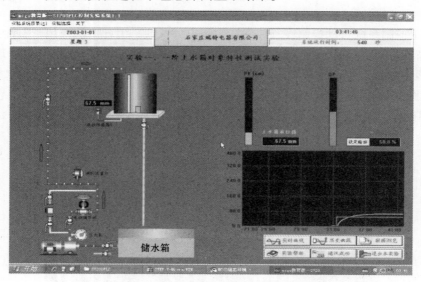

图 1-2　某次实验组态界面显示结果

本情境的学习以实验室液位控制系统——单容水箱为例，对其进行性能分析，主要围绕数学模型的建立、分析系统的动态过程、响应速度的快慢和控制系统的精度，以及影响系统性能的原因来开始学习。

任务一　单容水箱液位控制系统数学模型的建立

一、任务目标

认知目标：
1. 了解单容水箱的工作过程；
2. 了解单容水箱数学模型的建立方法；
3. 了解单容水箱的两种数学模型形式。

能力目标：
1. 能够根据单容水箱的工作过程及物理特点建立变量间的微分方程；
2. 能够将微分方程数学模型转换为传递函数数学模型。

二、任务描述

某小区二次供水系统为一简单的储水箱，上位由一个阀门控制流入储水箱的水流量，水箱出口安装阀门对用户供水，水箱液位根据上位阀门开度和用户用水量大小有所变化。总体控制要求为保证水箱液位始终为一恒定值，当液位发生改变时能尽快恢复到设定的液位高度。为了更清楚地研究该控制过程，可以从数学模型的角度来分析如何使小区水箱液位达到平衡所需时间最短，这就需要先建立该系统的数学模型。实际系统简化图如图 1-3 所示。

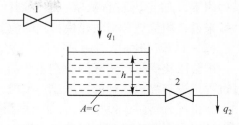

图 1-3　单容水箱液位控制示意图

三、相关知识点

（一）基本概念

1. 什么是数学模型，为什么建立数学模型

在自动控制设计中，为了使所设计的闭环自动控制系统的暂态性能满足要求，必须对系统的暂态过程在理论上进行分析，掌握其内在的规律。用来描述系统因果关系的数学表达式，称为系统的数学模型。

在自动控制系统中，用来描述系统内在规律的数学模型的形式有很多，常用的有微分方程、传递函数、状态方程、传递矩阵、结构框图和信号流图等。在以单输入单输出系统为研究对象的经典控制理论中，主要采用微分方程、传递函数、结构框图和信号流图描述系统；而在最优控制或多变量系统中，则主要采用传递矩阵、状态方程作为描述系统的数学模型。

2. 自动控制系统中的基本概念

被控对象和对象：被控的设备和过程称为被控对象或者对象。

被控量和输出量：被控对象中被控制的物理量称为被控量或者输出量。

输入量：输入量包括以下两种：

1）给定量：决定被控量大小的物理量。

2）扰动量：妨碍给定量对被控量进行正常控制的所有因素。

3. 数学模型建立的方法

常用的各环节和系统微分方程式的列写方法有两种：一种是进行理论推导，这种方法是根据各环节所遵循的物理规律（如力学、运动学、电磁学、热学等）来编写的；另一种是统计数据求取，即根据统计数据进行整理编写。实际工作中，这两种方法是相辅相成的。对于简单的环节或装置，多用理论推导；而对于复杂的装置，往往因涉及的因素较多，多用统计方法。

（1）机理分析法建模

机理分析法建模是根据过程的内部机理（运动规律），运用一些学过的或已知的定律、原理（如生物学定律、化学动力学原理、物料平衡方程、能量平衡方程、传热传质原理等）建立被控过程的数学模型。建立数学模型的参数直接与设备结构、性能参数有关，因此对新设备的研究和设计具有重要的意义。另外，对于不允许进行实验的场合，该方法是唯一可取的。机理分析法建模主要是基于分析过程的结构和其内部的物理化学过程，因此要求建模者应有相应学科的知识。通常此法只能用于简单过程的建模。对于较复杂的实际过程来说，机理分析法建模有很大的局限性，这是因为人们对实际过程的机理并非完全了解，同时过程的某些因素（如受热面的积垢、催化剂的老化等）可能在不断变化，难以精确描述。另外，一般来说，用机理分析法建模得到的模型还需要通过试验验证。

（2）试验法建模

试验法建模是在实际的生产过程（设备）中，根据过程输入、输出的实验数据，即通过过程辨识与参数估计的方法建立被控过程的数学模型。

与机理分析法建模相比，试验法建模的主要特点是不需要深入了解过程的机理。但是必须设计一个合理的实验，以获得过程所含的最大信息量，而这往往是困难的。所以，在实际使用时，这两种方法经常是相互补充的。如先通过机理分析确定模型的结构形式，再通过实验数据来确定模型中各系数的大小。

4. 传递函数的定义及术语

在初始条件为零时，系统输出量的拉氏变换与输入量的拉氏变换之比称为系统的传递函数。通常用 $G(s)$ 或 $\Phi(s)$ 表示。

传递函数的性质：

1）传递函数适用于线性定常系统。

2）传递函数只取决于系统的结构和参数，与输入量的大小和形式无关。

3）传递函数只反映系统在零状态下的动态特性。

4）传递函数一般为复变量 s 的有理分式，它的分母多项式 s 的最高阶次 n 总大于或等于其分子多项式 s 的最高阶次 m，即 $n \geq m$。

5）极点：传递函数的分母多项式的根称为系统的极点。

6）零点：传递函数的分子多项式的根称为系统的零点。

7）两个系统传递函数结构参数一样，但若输入、输出的物理量有所不同，则代表的物理意义不同。对于两个完全不同的系统（例如一个是机械系统，另一个是电子系统），只要它们的控制性能是一样的，就可以有完全相同的传递函数。这就是在实验室做模拟实验的理论基础。

8）一个传递函数只能表示一个输入与一个输出之间的关系，而不能反映系统内部的特性。对于多输入、多输出的系统，不能用一个传递函数去描述，而是要用传递函数矩阵去表征系统的输入与输出间的关系。

5. 开环控制系统与闭环控制系统的定义

控制系统按其结构可分为开环控制系统、闭环控制系统和复合控制系统。

（1）开环控制

只有输入量对输出量产生控制作用，而没有输出量参与对系统的控制；当出现扰动时，如果没有人工干预，给定量与输出量之间的对应将被改变，即系统输出量（实际输出）将偏离给定量所要求的数值（理想输出）。

开环控制的特点：结构简单、成本低、工作易稳定、抗干扰能力差（精度不高）。

开环控制的适用范围：对精度要求不高的场合。

闭环控制则是在开环控制的基础上引入人工干预过程演变而来的。

（2）闭环控制（又称反馈控制或偏差控制）

不仅存在输入到输出的控制，也存在输出经检测装置反馈到输入端形成闭环、参与系统的控制，称此系统为闭环控制系统。

闭环控制的特点：精度高、抗干扰能力强、结构复杂、成本高。

闭环控制的适用范围：高精度控制系统中。

（二）理论推导

传递函数的推导

设系统微分方程的一般形式为

$$\frac{\mathrm{d}^n}{\mathrm{d}t^n}c(t) + a_1\frac{\mathrm{d}^{n-1}}{\mathrm{d}t^{n-1}}c(t) + \cdots + a_{n-1}\frac{\mathrm{d}}{\mathrm{d}t}c(t) + a_n c(t)$$

$$= b_0\frac{\mathrm{d}^m}{\mathrm{d}t^m}r(t) + b_1\frac{\mathrm{d}^{m-1}}{\mathrm{d}t^{m-1}}r(t) + \cdots + b_{m-1}\frac{\mathrm{d}}{\mathrm{d}t}r(t) + b_m r(t) \tag{1-1}$$

式中 $r(t)$、$c(t)$——分别为系统的输入量和输出量。

设 $R(s)$，$C(s)$ 分别为 $r(t)$、$c(t)$ 的拉氏变换，对方程式（1-1）的每一项进行拉氏变换，当初始条件均为零时，由拉氏变换的微分性质，可将微分方程式（1-1）变为代数方程

$$(s^n + a_1 s^{n-1} + \cdots + a_{n-1}s + a_n)C(s)$$

$$= (b_0 s^m + b_1 s^{m-1} + \cdots + b_{m-1}s + b_m)R(s) \tag{1-2}$$

即有

$$C(s) = \frac{b_0 s^m + b_1 s^{m-1} + \cdots + b_{m-1}s + b_m}{s^n + a_1 s^{n-1} + \cdots + a_{n-1}s + a_n}R(s)$$

传递函数

$$G(s) = \frac{C(s)}{R(s)} = \frac{b_0 s^m + b_1 s^{m-1} + \cdots + b_{m-1}s + b_m}{s^n + a_1 s^{n-1} + \cdots + a_{n-1}s + a_n} \tag{1-3}$$

利用传递函数可将系统输出量的拉氏变换写成

$$C(s) = G(s)R(s) \tag{1-4}$$

（三）方法和经验

1. 数学模型举例

（1）微分方程求解

编写图 1-4 所示 RC 电路的动态微分方程。

解：1）确定输入、输出量

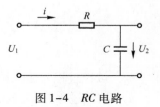

图 1-4　RC 电路

输入： $\qquad X_r(t) = u_1$

输出： $\qquad X_c(t) = u_2$

2）列写原始微分方程

$$u_1 = iR + u_2 \quad ①$$

$$i = \mathrm{d}q/\mathrm{d}t \quad ②$$

$$q = Cu_2 \quad ③$$

3）消去中间变量 i、q 得

$$RC\mathrm{d}u_2/\mathrm{d}t + u_2 = u_1$$

$$RC\frac{\mathrm{d}x}{\mathrm{d}t} + x_c = x_r$$

编写图 1-5 所示 RL 电路的微分方程。

同理，RL 电路的微分方程为

$$Ldi/dt + iR = u$$

$$L \frac{dx_c}{dt} + Rx_c = x_r$$

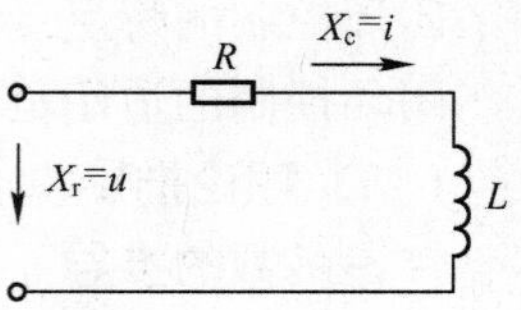

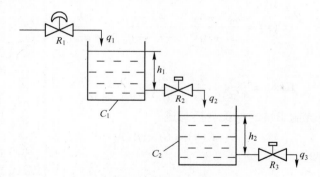

图 1-5　RL 电路

（2）传递函数求解

求前述 RC 电路的传递函数。

解：RC 电路的微分方程为

$$RC \frac{dx_c}{dt} + x_c = x_r$$

当初始条件为零时，取拉氏变换：

传递函数为

$$(RCs + 1) X_c(s) = X_r(s)$$

式中　T_c——RC 电路的时间常数，$T_c = RC$。

2. 数学模型建立的方法举例

（1）机理分析法建模

图 1-6 所示为两只水箱串联工作的双容过程。

图 1-6　两只水箱串联的示意图

q_2：被控过程的输入量；

h_2：被控过程的输出量。

设其被控量是第二只水箱的液位 h_2，输入量为 q_1。上述分析方法相同，根据物料平衡关系可以列出如下方程：

$$\left.
\begin{array}{c}
\Delta q_1 - \Delta q_2 = C_1 \dfrac{d\Delta h_1}{dt} \\[2mm]
\Delta q_2 = \dfrac{\Delta h_1}{R_2} \\[2mm]
\Delta q_2 - \Delta q_3 = C_2 \dfrac{d\Delta h_2}{dt} \\[2mm]
\Delta q_3 = \dfrac{\Delta h_2}{R_3}
\end{array}
\right\}$$

根据上述方程的拉氏变换式，画出图 1-7。

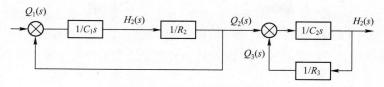

图 1-7　串联水箱结构框图

所以可以得到双容过程的数学模型为

$$W(s) = \frac{H_2(s)}{Q_1(s)} = \frac{K_0}{(T_1 s + 1)(T_2 s + 1)}$$

式中　T_1——第一只水箱的时间常数，$T_1 = R_2 C_1$；

　　　T_2——第二只水箱的时间常数，$T_2 = R_3 C_2$；

　　　K_0——过程的放大系数，$K_0 = R_3$。

（2）试验法建模

由图 1-8 所示的阶跃响应曲线确定一阶环节的特征参数 K_0、T_0。

计算静态放大系数 K_0：

$$K_0 = \frac{y(\infty)}{x_0}$$

计算时间常数 T_0：$y*(t) = \frac{y(t)}{y(\infty)}$

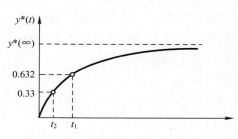

图 1-8　阶跃响应曲线

阶跃响应：$y*(t) = 1 - e^{-\frac{t}{T_0}}$，$T_0 = \frac{-t}{\ln[1 - y*(t)]}$

简便算法：

在标准化曲线上选两点 $y*(t_1) = 0.632$，$y*(t_2) = 0.33$

$$T_{01} = \frac{-t_1}{\ln[1 - 0.632]} = t_1 \rightarrow T_0 = \frac{T_{01} + T_{02}}{2}$$

$$T_{02} = \frac{-t_2}{\ln[1 - 0.33]} = 2.5 t_2$$

3. 开环控制系统和闭环控制系统的工作过程

图 1-9 是一个电加热系统。该系统的控制目标是，通过调整自耦变压器滑动端的位置，来改变电阻炉的温度，并使其恒定不变。因为被控制的设备是电阻炉，被控量是电阻炉的温度，所以该系统可称作温度控制系统。自耦变压器滑动端的位置（按工艺要求设置）对应

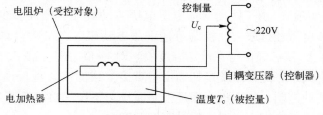

图 1-9　电阻炉温度控制系统

一个电压值 U_c，也就对应了一个电阻炉的温度值 T_c。当系统中出现外部扰动（如炉门开、关频度变化）或内部扰动（如电源电压波动）时，T_c 将偏离 U_c 所对应的数值。图 1-10 所示的结构图可以表示该系统输入量和输出量之间的作用关系。这种结构是典型的开环控制结构。

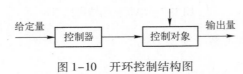

图 1-10　开环控制结构图

如果要实现无论是否出现扰动，都能使炉温保持恒定，则需要人工干预。那么操作人员怎么保持炉温恒定，即人工干预的过程是什么呢？首先，操作人员要测量炉温，然后将测量值与生产工艺所要求的数值相比较，再根据二者之间的差值（又称偏差）适当地调整自耦变压器滑动端的位置来减小乃至完全消除偏差。这里，操作人员的工作顺序是：测量输出量，将其转换成与给定量相同的物理量（反馈量），反馈到系统的输入端与给定量进行比较，根据给定量与反馈量的差值调整自耦变压器滑动端的位置。操作人员起到的关键性作用是使得系统的输出量参与了系统的控制，系统一旦出现了偏差，就调整控制量，从而保证输出量的恒定。图 1-11 所示的系统就是采用一系列的物理器件来取代操作人员的上述功能，从而实现对炉温的闭环控制的。

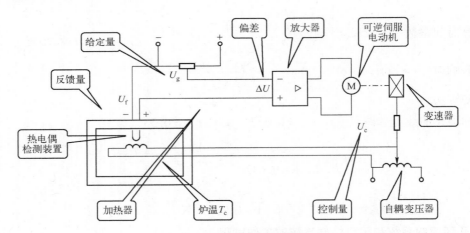

图 1-11　温度闭环控制系统

在这里，炉温的给定量由电位器滑动端位置所对应的电压值 U_g 给出，炉温的实际值由热电偶检测出来，并转换成电压 U_f，再把 U_f 反馈到系统的输入端与给定电压 U_g 相比较（通过二者极性反接实现）。由于扰动（如电源电压波动或加热物件多少等）影响，炉温偏离了给定值，其偏差电压经过放大，控制可逆伺服电动机 M，带动自耦变压器的滑动端滑动，从而改变电压 U_c，使炉温保持在给定温度值。图 1-12 描述了该系统的输入量、输出量和反馈量之间的作用关系。这种系统是把输出量直接（或间接）地反馈到输入端形成闭环，使得输出量参与系统的控制，所以称为闭环控制系统。系统的自动调节过程可用图 1-13 表示。闭环系统的结构特点决定了它对干扰具有抑制能力。

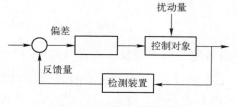
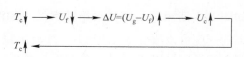

图 1-12 闭环控制结构图　　　　　图 1-13 温度闭环控制的自动调节过程

4. 仓库大门自动控制系统的工作过程

图 1-14 所示为仓库大门自动控制系统。试说明自动控制大门开启和关闭的工作原理。如果大门不能全开或全关，该怎样进行调整？

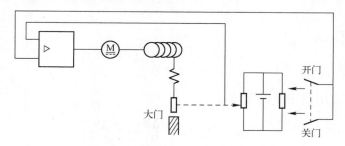

图 1-14 仓库大门自动控制系统

系统中，"开门"和"关门"两个开关是互锁的，即在任意时刻，只有"开门"或"关门"一个状态，这一状态对应的电压和与大门连接的滑动端对应的电压接成反极性（即形成偏差信号）送入放大器。放大器的输出电压给直流电动机 M，直流电动机与卷筒同轴相连，大门的开启或关闭是通过电动机的正、反转来控制的。与大门连接的滑动端对应的电压与"开门"滑动端对应的电压相等时，大门停止开启；与大门连接的滑动端对应的电压与"关门"滑动端对应的电压相等时，大门停止关闭。

设"开门"滑动端对应的电压为 u_{gk}，"关门"滑动端对应的电压为 u_{gg}，与大门连接的滑动端对应的电压为 u_f。

开门时，将"开门"开关闭合、"关门"开关断开，此时，$u_f < u_{gk}$，$\Delta u = u_{gg} - u_f > 0$，此偏差信号经过放大器放大后带动直流电动机 M 转动，并带动可调电位计滑动端上移，直至 $\Delta u = 0$ 时，直流电动机 M 停止转动、大门开启。

关门时，将"开门"开关断开、"关门"开关闭合，此时有 $u_f > u_{gk}$，$\Delta u = u_{gk} - u_f < 0$，此偏差信号经放大后使直流电动机 M 向相反方向转动，并带动可调电位计滑动端下移，直至 $\Delta u = 0$ 时，直流电动机 M 停止转动、大门关闭。

若大门不能全开（或全关），可将 u_{gk} 调大（或将 u_{gg} 调小），这可通过将"开门"滑动端上移直至大门全开（或将"关门"滑动端下移直至大门全关）实现。

从工作原理上分析，系统稳定运行（大门"全开"或"全关"）时，系统的输出量完全等于系统的输入量（大门"全开"时，$u_{gk} = u_f$；大门"全关"时，$u_{gg} = u_f$），故系统属于恒值、无差系统。

四、任务分析

如图1-3所示为一模拟水箱储水系统的液位控制系统。由图可知，其流入量为 q_1，改变阀1的开度可以改变 q_1 的大小。其流出量为 q_2，它取决于用户的要求及液位 h 的高低，改变阀2的开度可以改变 q_2，若液位 h 增高，则水箱内水的静压力增大，q_2 亦增大。液位 h 的变化反映了 q_1 和 q_2 不等而引起水箱中蓄水或泄水的过程。

五、任务实施

若 q_1 作为被控过程的输入量，h 为其输出量，则该被控过程的数学模型就是 h 与 q_1 之间的数学表达式。

根据动态物料平衡关系有

$$q_1 - q_2 = A \frac{\mathrm{d}h}{\mathrm{d}t} \tag{1-5}$$

将式（1-5）表示成增量形式为

$$\Delta q_1 - \Delta q_2 = A \frac{\mathrm{d}\Delta h}{\mathrm{d}t} = C \frac{\mathrm{d}\Delta h}{\mathrm{d}t} \tag{1-6}$$

式中 Δq_1、Δq_2、Δh——分别为偏离某一平衡状 q_{10}、q_{20}、h_0 的增量；

A——水槽截面积；

C——液位过程的容量系数，或称过程容量。

在静态时，$q_1 = q_2$，$\mathrm{d}h/\mathrm{d}t = 0$；当 q_1 发生变化时，液位 h 随之变化，水箱出口处的静压力也随之变化，q_2 也发生变化。由流体力学可知，流体在紊流情况下，液位 h 与流量之间为非线性关系。但为简化起见，经线性化处理，则可近似认为在工作区域内，q_2 与 h 成正比关系，而与阀2的阻力 R_2 成反比，即

$$\Delta q_2 = \frac{\Delta h}{R_2} \text{或} R_2 = \frac{\Delta h}{\Delta q_2} \tag{1-7}$$

式中 R_2——阀2的阻力，称为液阻。

为了求单容过程的数学模型，将式（1-5）、式（1-6）进行拉氏变换后，画出如图1-15所示的框图。

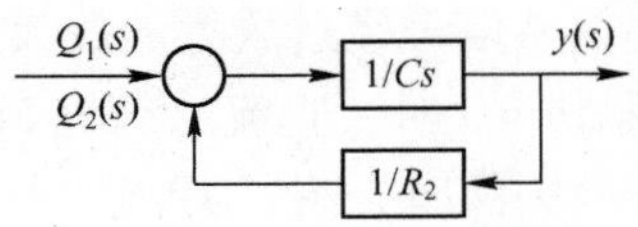

单位液位过程的传递函数为

$$w_0(s) = \frac{H(s)}{Q_1(s)} = \frac{R_2}{R_2 C s + 1} = \frac{K_0}{T_0 s + 1} \tag{1-8}$$

图1-15 单容过程结构框图

式中 T_0——液位过程的时间常数，$T_0 = R_2 C$；

K_0——液位过程的放大系数，$K_0 = R_2$；

C——液位过程的容量系数，或称过程容量。

任务二　对单容水箱系统控制性能的评价

一、任务目标

认知目标：

1. 了解自动控制系统的评价标准；
2. 了解判定系统稳定性的方法；
3. 了解判定系统控制精度的方法；
4. 了解计算系统反应速度的方法。

能力目标：

1. 能够根据输出曲线判断系统的好坏；
2. 能够根据输出曲线计算系统的稳态误差；
3. 能够根据输出曲线计算系统的响应时间；
4. 能够根据输出曲线判定系统的稳定性。

二、任务描述

将小区储水箱系统看作一个被控过程，该被控过程经过理论推导和计算搭建出闭环传递函数数学模型为 $W(s) = \dfrac{10}{0.1s+1}$，现在应用仿真软件对该数学模型加上单位阶跃输入信号，得到的输出曲线如图 1-16 所示，请评价系统的好坏，以备后期实际使用时作为参考。

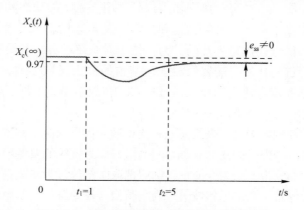

图 1-16　单容水箱控制系统的输出特性曲线

三、相关知识点

（一）基本概念

1. 闭环控制系统的基本环节

根据控制对象和使用单元不同，自动控制系统有各种不同的形式，但是概括起来，一般闭环控制系统均由下述环节组成（见图 1-17）。

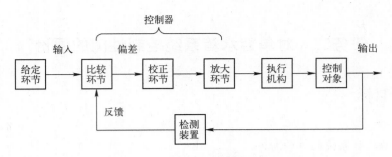

图 1-17　闭环控制系统结构图

1）控制对象或调节对象：它是指要进行控制的设备或过程，相应地，控制系统所控制的某个物理量，就是系统的被控量和输出量，如电动机的转速、电阻炉的温度等。闭环控制系统的任务就是控制这些系统输出量的变化规律，以满足生产工艺的要求。

2）执行机构：直接作用于受控对象，使被控量达到要求值。

3）给定环节：设定输出量的给定值，直接影响输出量的精度，常用数字给定。

4）检测装置：检测输出量，并将其转换为与给定量相同的物理量。其精度直接影响系统的控制品质。对其要求：精度高、反应灵敏、性能稳定。

5）比较环节：求给定量与反馈量的偏差。

6）放大环节：对偏差信号进行放大，以满足执行机构的需要。

7）校正环节：改善系统性能（对偏差信号进行运算）。

在控制系统中，常把比较环节、放大装置、校正环节合在一起称为控制器。

2. 自动控制系统的典型输入信号

控制系统的动态性能是通过某一典型输入信号作用下系统的动态响应过程来评价的。由于系统的动态响应既取决于系统本身的结构和参数，又与它的输入信号的形式和大小有关，而控制系统的实际输入信号往往是未知的。为了便于对系统的分析和设计，同时也为了便于对各种控制系统的性能进行比较，需要假定一些基本的输入函数形式，称为典型输入信号。典型输入信号是指根据系统常遇到的输入信号形式，在数学描述上加以理想化的一些基本输入函数。常见的典型输入信号如图 1-18 所示。

在分析和设计线性控制系统时，采用哪一种典型输入信号取决于系统常见的工作状态；同时，在所有可能的输入信号中，往往选取最不利的信号作为系统的典型输入信号。通常，如果系统的实际输入信号大部分为一个突变的量，则应选取阶跃信号为实验信号；若系统的输入大多是随时间逐渐增加的信号，则选择斜坡信号为实验信号较为合适；若系统的输入信号是一个瞬时冲击的函数，则显然脉冲信号为最佳选择。同一系统中，不同形式的输入信号所对应的输出响应是不同的，但对于线性控制系统来说，它们所表征的系统性能是一致的。通常以单位阶跃函数作为典型输入信号，则可在一个统一的基础上对各种控制系统的性能进行比较和研究。

在此指出，有些控制系统的实际输入信号是变化无常的随机信号，如定位雷达天线控制系统，其输入信号中既有运动目标的不规则信号，又包含有许多随机噪声分量，此时就不能用上述确定性的典型输入信号去代替实际输入信号，而必须采用随机过程理论进行处理。

3. 自动控制系统的稳定性概念

一个闭环控制系统，当扰动量发生变化时，输出量将偏离原来的稳定值，从而产生偏

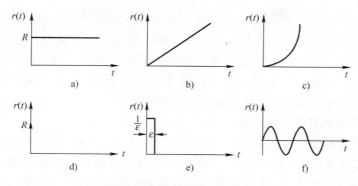

图 1-18　典型输入信号

a) 阶跃函数　b) 斜坡函数　c) 抛物线函数　d) 理想脉冲函数　e) 实际脉冲函数　f) 正弦函数

差。通过反馈的作用，进行内部的自动调节，经过短暂的过渡过程，被控量又接近于或恢复到原来的稳态值，或按照新的给定量稳定下来，这时系统从原来的平衡状态过渡到新的平衡状态。把被控量处于变化状态的过程称为动态过程或暂态过程，而把被控量处于相对稳定的状态称为静态或稳态。自动控制系统的暂态品质和稳态性能可用相应的指标衡量。

　　自动控制系统的性能指标通常是指系统的稳定性、稳态性能和暂态性能。

　　稳定性即当扰动作用时，输出量将偏离原来的稳态值，这时由于反馈的作用，通过系统内部的自动调节，系统可能回到（或接近）原来的稳定值（或跟随给定值）稳定下来，如图 1-19a 所示。但也可能由于内部的相互作用，使系统出现发散而处于不稳定状态，如图 1-19b 所示。不稳定的系统是无法工作的，因此，对任何自动控制系统，首要的条件便是系统能稳定正常运行。

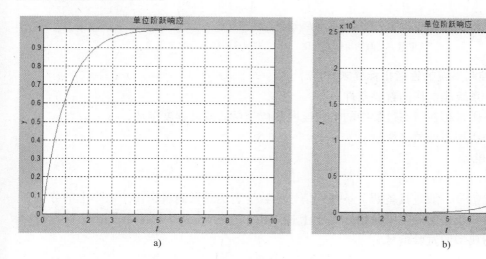

图 1-19　稳定系统和不稳定系统

a) 稳定系统　b) 不稳定系统

4. 自动控制系统的稳态性能指标

　　当系统从一个稳态过渡到另一个稳态，或系统受扰动作用又重新达到平衡后，系统可能会出现偏差，这种偏差称为稳态误差（稳态时系统实际输出量和理想输出量之间的差值）。

系统稳态误差的大小反映了系统的稳态精度，它表明了系统控制的准确程度。稳态误差越小，则系统的稳态精度越高。若稳态误差为零，则系统称为无差系统；若稳态误差不为零，则系统称为有差系统。对于一个恒值系统（如调速系统）来说，稳态误差是指在扰动（如负载变化）作用下，被控量（如转速）在稳态下的变化量；对于一个随动系统来说，稳态误差则是指在稳定跟随过程中，输出量偏离给定值的大小。

5. 自动控制系统的暂态性能指标

由于系统的对象和元件通常都有一定的惯性，并且也由于能源功率的限制，系统中各种变量值的变化不可能是突变的。因此，系统从一个稳态过渡到新的稳态都需要经历一段时间，即需要经历一个过渡过程。衡量这个过渡过程的性能指标叫作暂态性能指标。如果控制对象的惯性很大，系统的反馈又不及时，则被控量在暂态过程中将产生过大的偏差，到达稳态的时间会拖长，并呈现各种不同的暂态过程。对于一般的控制系统，当给定量或扰动量突然增加某一给定值时，输出量的暂态过程可能有单调过程、衰减振荡过程、持续振荡状态和发散振荡状态四种情况，这里只介绍单调过程。

单调过程的输出量单调变化，缓慢地到达新的稳态值。这种暂态过程具有较长的暂态过程时间，如图 1-20 所示。

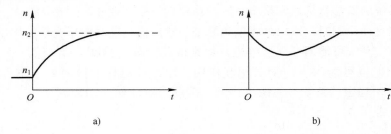

图 1-20　单调过程

a）给定量突变时输出量的变化　b）负载突变时输出量的变化

6. 对自动控制系统的性能指标要求

稳定性——系统能工作的首要条件；

快速性——用系统在暂态过程中的响应速度和被控量的波动程度描述；

准确性——用稳态误差来衡量。

（二）理论推导

典型信号

典型的试验信号一般应具备两个条件：信号的数学表达式要简单，便于数学上的分析和处理；这些信号易于在实验室中获得。基于上述理由，在控制工程中通常采用表 1-1 给出的 5 种信号作为典型的试验信号。

表 1-1　典型输入信号

名　　称	时域表达式	复域表达式
单位阶跃函数	$1(t)$　$t \geq 0$	$\dfrac{1}{s}$
单位斜坡函数	t　$t \geq 0$	$\dfrac{1}{s^2}$

名　　称	时域表达式	复域表达式
单位加速度函数	$\dfrac{1}{2}t^2 \quad t\geqslant 0$	$\dfrac{1}{s^3}$
单位理想脉冲函数	$\delta(t) \quad t\geqslant 0$	1
正弦函数	$A\sin\omega \quad t\geqslant 0$	$\dfrac{A\omega}{s^2+\omega^2}$

（1）输入信号为阶跃函数

阶跃函数的数学表达式为

$$r(t)=\begin{cases} 0, & t<0 \\ R_0, & t\geqslant\approx 0 \end{cases} \tag{1-8}$$

式中，R_0 为一常量（见图 1-18a）。$R_0=1$ 的阶跃函数称为单位阶跃函数，记作 $r(t)=1(t)$，其一次微分为 $\delta(t)$。单位阶跃函数的拉氏变换为

$$R(s)=\frac{1}{s}$$

（2）输入信号为斜坡函数

斜坡函数表示从 $t=0$ 时刻开始，以恒定速率 R 随时间而变化的函数，如图 1-18b 所示。它的数学表达式为

$$r(t)=\begin{cases} 0 & t<0 \\ Rt & t\geqslant 0 \end{cases} \tag{1-9}$$

由于这种函数的一阶导数为常量 R，故斜坡函数又称为等速度函数。$R=1$ 的斜坡函数为单位斜坡函数，其一次微分为单位阶跃函数。单位斜坡函数的拉氏变换为

$$R(s)=\frac{1}{s^2}$$

（3）输入信号为抛物线函数

抛物线函数的数学表达式为

$$r(t)=\begin{cases} 0 & t<0 \\ \dfrac{1}{2}Rt^2 & t\geqslant 0 \end{cases} \tag{1-10}$$

式中，R 为常数。当 $R=1$ 时，$r(t)=t^2/2$ 为单位抛物线函数，又称单位加速度函数。因为 $\dfrac{\mathrm{d}^2r}{\mathrm{d}t^2}=R$，所以抛物线函数代表匀加速度变化的信号，故抛物线函数又称为等加速度函数，如图 1-18c 所示。单位抛物线函数的拉氏变换为

$$R(s)=\frac{1}{s^3}$$

（4）输入信号为脉冲函数

脉冲函数的定义为

$$r(t)=R\delta(t) \tag{1-11}$$

式中，R 为脉冲函数的幅值，$R=1$ 的脉冲函数称为单位理想脉冲函数，并用 $\delta(t)$ 表示。如

图 1–18d 所示，$\delta(t)$ 函数的定义为

$$r(t) = \begin{cases} 0 & t \neq 0 \\ \infty & t = 0 \end{cases} \tag{1-12}$$

$$\int_{-\infty}^{\infty} \delta(t) = 1$$

显然，$\delta(t)$ 函数是一种理想脉冲信号，实际上它是不存在的。工程实践中常用实际脉冲近似地表示理想脉冲。如图 1–18e 所示，当 ε 远小于被控对象的时间常数时，这种单位窄脉冲信号常近似地当作 $\delta(t)$ 函数来处理。

$$\delta_\varepsilon(t) = \begin{cases} 0 \\ \dfrac{1}{\varepsilon} \end{cases} \tag{1-13}$$

式中，ε 为脉冲宽度，或称脉冲持续时间；$\dfrac{1}{\varepsilon}$ 为脉冲高度。它的积分面积为

$$\int_{-\infty}^{\infty} \delta_\varepsilon(t)\,\mathrm{d}t = \varepsilon \times \frac{1}{\varepsilon} = 1$$

显然，当 $\varepsilon \to 0$ 时，实际脉冲 $\delta_\varepsilon(t)$ 的极限即为理想脉冲 $\delta(t)$。

根据定义，$\delta(t)$ 的拉氏变换为

$$R(s) = \int_0^\infty \delta(t)\,\mathrm{e}^{-st}\mathrm{d}t = \lim_{\varepsilon \to 0} \int_0^\varepsilon \frac{1}{\varepsilon}\mathrm{e}^{-st}\mathrm{d}t = 1$$

（5）输入信号为正弦函数

正弦函数的数学表达式为

$$r(t) = A\sin\omega t \tag{1-14}$$

式中，A 为正弦函数的幅值；ω 为正弦函数的频率，如图 1–18f 所示。正弦函数主要用于线性控制系统的频率响应分析。

（三）方法和经验

电机调速自动控制系统分析

图 1–21 所示为一直流发电机电压自动控制系统。图中，1 为发电机，2 为减速器，3 为执行机构，4 为比例放大器；5 为可调电位器。

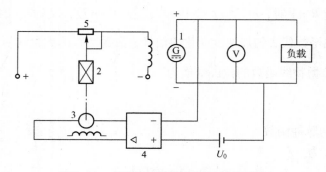

图 1–21　直流发电机电压自动控制系统

分析如下问题：

1）该系统由哪些环节组成？各起什么作用？试分析给定量、扰动量和被控量各为哪些实际物理量。

2）绘出系统的框图，说明当负载电流变化时，系统如何保持发电机的电压恒定。

3）该系统是有差系统还是无差系统？

4）系统中有哪些可能的扰动？

分析结论：

1）该系统由给定环节、比较环节、中间环节、执行环节、被控对象、检测环节等组成。

给定环节：电压源 U_0。用来设定直流发电机电压的给定值。

比较环节：本系统中被控量与给定量的比较，是通过给定电压与反馈电压反极性相接加到比例放大器上实现的。

中间环节：比例放大器。它的作用是将偏差信号放大，使其足以带动执行机构工作。该环节又称为放大环节。

执行环节：该环节由执行电机、减速器和可调电位器构成。该环节的作用是：通过改变发电机励磁回路的电阻值，改变发电机的磁场，调节发电机的输出电压。

被控对象：发电机。其作用是供给负载恒定不变的电压。

检测环节：检测发电机电枢两端电压作为反馈量，它的作用是将系统的输出量直接反馈到系统的输入端。

2）系统结构框图如图 1-22 所示。当负载电流变化，如增大时，发电机电压下降，电压偏差增大，偏差电压经过运算放大器放大后，控制可逆伺服电动机，带动可调电阻器的滑动端使励磁电流增大，使发电机的电压增大，直至恢复到给定电压的数值，实现电压的恒定控制。

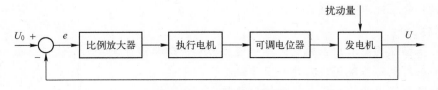

图 1-22　系统结构框图

负载电流减小的情况与此同理。

3）假设在系统稳定运行状态下，发电机输出的电压与给定的电压 U_0 相等，也就是所谓的无差系统。此时，比例放大器输出电压为零，执行电机不转动，可调电阻器的滑动端不动，发电机磁场不变化，从而保持发电机输出电压 U 等于给定电压 U_0。假设成立，故该系统为无差系统。

4）系统中可能出现的外部扰动：负载电流的变化（增加或减少）。可能出现的内部扰动：系统长时间工作使电源电压 U_0 降低，执行机构、减速器等的机械性能的改变等。

四、任务分析

如果想评价一个系统的好坏，首先应该确立一个标准；然后按照标准的要求根据实际系统或者输出曲线来评价系统；然而输出曲线的构成并不明确，所以应该先分析其坐标构成及曲线上一些特殊点的物理意义。

五、任务实施

1. 本任务中图 1-16 给出的单容水箱控制系统的输出特性曲线上各个物理量的含义

1）横轴代表时间轴

2）纵轴代表实际的输出值，所以 $x_c(t)$ 表示的是系统每个时刻的输出值。

3）$x_c(\infty)$ 表示的是系统的期望输出值，这个值可以认为和给定值是相同的。即对该系统而言，理想输出 = 给定值。

2. 根据评价指标来评价这个系统

1）从图 1-16 上看，当扰动来临时，这个系统经过了 4 s 的调整时间重新回到了原来的工作状态，可以说调整速度较快。

2）当系统重新回到平衡状态之后，实际输出稳定在 0.97 左右，同理想输出 1 之间的差值为 0.03，所以认为这个系统的控制精度还是比较高的。

任务三　试验法分析单容水箱的性能

一、任务目标

认知目标：

1. 了解自动控制系统的结构图表示法；

2. 了解应用电路系统模块模拟实际系统的方法；

3. 知道系统的典型环节及输入、输出关系；

4. 掌握一阶系统单位阶跃响应的求法。

能力目标：

1. 能够根据结构图求出系统的开环传递函数和闭环传递函数；

2. 能够应用电路系统模块搭建一阶系统；

3. 能够根据输出曲线确定系统的性能指标。

二、任务描述

某次测定单容水箱的传递函数数学模型为 $W(s) = \dfrac{10}{0.1s + 1}$，现在应用我们熟悉的电路系统模型来代替水箱系统并且观察这个系统的被控过程。请分析如何用电路运放模块来模拟这个水箱系统，并对电路模型加上阶跃信号，由输出量来分析系统的性能。

三、相关知识点

（一）基本概念

1. 结构图的概念

控制系统结构图是将系统中所有环节用框图表示，图中标明其传递函数，并且按照在系统中各环节之间的联系，将各框图连接起来。用这种动态结构图来描述系统具有明显的优点，可形象、明确地表达动态过程中系统各环节的数学模型及其相互关系，也就是系统图形化的动态模型。结构图具有数学性质，可以进行代数运算和等效变换，是计算系统传递函数的有力工具。

2. 绘制系统结构图的一般步骤

1）写出系统中每一个部件的运动方程。在列写每一个部件的运动方程时，必须要考虑相互连接部件间的负载效应。

2）根据部件运动方程式，写出相应的传递函数。一个部件用一个方框单元表示，并在方框中填入相应的传递函数。方框单元图中的箭头表示信号的流向，流入为输入量，流出为其输出量。输出量等于输入量乘以传递函数。

3）根据信号的流向，将各方框单元依次连接起来，并把系统的输入量置于系统结构图最左端，输出量置于最右端。

3. 开环传递函数的定义

开环传递函数是闭环系统反馈信号的拉氏变换与偏差信号的拉氏变换之比，它是今后用根轨迹法和频率法分析系统的主要数学模型。

4. 闭环传递函数的定义

闭环传递函数是在初始条件为零时，系统的输出量与输入量的拉氏变换之比。闭环传递函数是分析系统动态性能的主要数学模型。

5. 自动控制原理实验箱简介

本书中为验证控制理论及分析结果，采用了 THKKL – 6 型 控制理论·计算机控制技术实验箱，该实验箱由丰富的实验模块、微控制器单元、数据采集模块、交/直流数字电压表等部分组成，如图 1–23 所示。该箱实验系统有八组由放大器、电阻、电容组成的实验模块，每个模块中都有一个由 UA741 构成的放大器和若干个电阻、电容。这样，通过对这八个实验模块的灵活组合便可构造出各种型式和阶次的模拟环节和控制系统，这就为我们模拟不同类型的系统提供了可能。上位机软件主要包括虚拟示波器，不仅具有信号发生、扫频等功能，还具有 LabVIEW 直接控制和 MATLAB 仿真功能。这样就能方便、直接地构造出不同的系统进行分析和设计。

图 1–23　自控原理实验箱

（二）理论推导

1. 典型环节的传递函数及暂态特性

（1）放大（比例）环节

放大环节的微分方程为 $c(t) = Kr(t)$，式中，K 为常数，称为放大系数或增益，放大环节的传递函数为 $G(s) = K$。

放大环节的框图如图 1-24 所示。在一定的频率范围内，放大器、减速器、解调器和调制器都可以看成比例环节。

（2）积分环节

积分环节的微分方程为 $\dfrac{\mathrm{d}c(t)}{\mathrm{d}t} = r(t)$，其传递函数为 $G(s) = \dfrac{1}{s}$。

积分环节的框图如图 1-25 所示。模拟机的积分器以及电动机角速度和转角间的传递函数都是积分环节的实例。

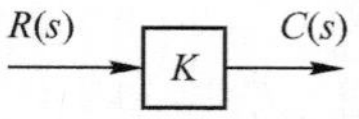

图 1-24　放大环节 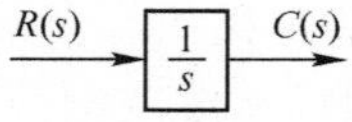　　　　　　图 1-25　积分环节

（3）理想微分环节

理想微分环节的微分方程为 $c(t) = \dfrac{\mathrm{d}r(t)}{\mathrm{d}t}$，其传递函数为 $G(s) = s$。

理想微分环节的框图如图 1-26 所示。测速发电机可看成理想微分环节。

（4）惯性环节

惯性环节的微分方程为 $T\dfrac{\mathrm{d}c(t)}{\mathrm{d}t} + c(t) = r(t)$，式中，$T$ 为时间常数。惯性环节的传递函数为 $G(s) = \dfrac{1}{Ts+1}$。

惯性环节的框图如图 1-27 所示。包含惯性环节的元部件很多，如 RC 网络以及常见的伺服电动机都包含此环节。

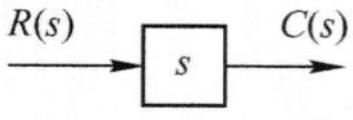

图 1-26　理想微分环节 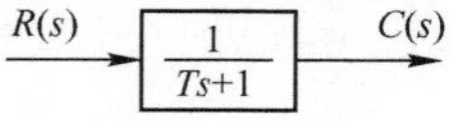　　　　　图 1-27　惯性环节

（5）一阶微分环节

一阶微分环节的微分方程为 $c(t) = \tau\dfrac{\mathrm{d}r(t)}{\mathrm{d}t} + r(t)$

微分环节的框图如图 1-28 所示。一般超前网络中就包含一阶微分环节。

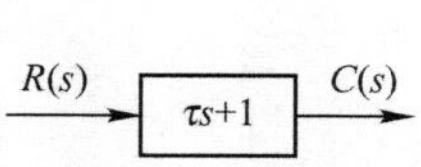

（6）二阶振荡环节

二阶振荡环节的微分方程为

$$T^2\dfrac{\mathrm{d}^2c(t)}{\mathrm{d}t^2} + 2\xi T\dfrac{\mathrm{d}c(t)}{\mathrm{d}t} + c(t) = r(t)$$

图 1-28　一阶微分环节

其传递函数为

20

$$G(s) = \frac{1}{T^2 s^2 + 2\xi T s + 1}$$

二阶振荡环节的框图如图 1-29 所示。RLC 网络、电动机位置随动系统（$L_a \neq 0$）均为这种环节的实例。

（7）二阶微分环节

二阶微分环节的微分方程为

$$c(t) = \tau^2 \frac{\mathrm{d}^2 r(t)}{\mathrm{d}t^2} + 2\tau\xi \frac{\mathrm{d}r(t)}{\mathrm{d}t} + r(t)$$

其传递函数为

$$G(s) = \tau^2 s^2 + 2\tau\xi s + 1$$

二阶微分环节的框图如图 1-30 所示。例如在自动驾驶仪中，采用位置陀螺、速度陀螺和微分器反馈飞机的俯仰姿态，传递函数

$$\frac{U(s)}{\Theta(s)} = K_1 [1 + 2\xi(s/\omega_n) + (s/\omega_n)^2]$$

式中，ω_n 和 ξ 与系统增益相关。若 $\xi < 1$，则反馈装置具有二阶微分环节的特性。

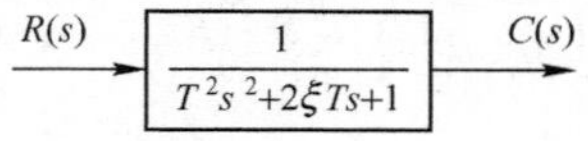

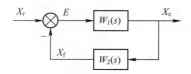

图 1-29　二阶振荡环节

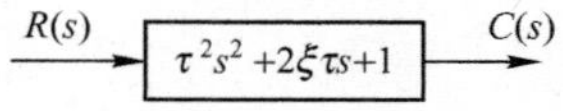

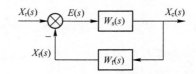

图 1-30　二阶微分环节

2. 开环传递函数和闭环传递函数的理论推导

（1）开环传递函数

由图 1-31 可得到系统的开环传递函数为 $W_k(s) = \dfrac{X_f(s)}{E(s)}$

（2）闭环传递函数

由图 1-32 可得到系统的闭环传递函数为 $W_b(s) = \dfrac{X_c(s)}{X_r(s)} = \dfrac{W_g(s)}{1 + W_g(s)W_f(s)} = \dfrac{W_g(s)}{1 + W_k(s)}$

图 1-31　开环传递函数

图 1-32　闭环传递函数

（三）方法和经验

结构框图的绘制

直流电动机速度反馈控制系统如图 1-33 所示，绘制该系统的动态结构框图。

（1）点画线框内为比较、调节、滤波环节

$$i_c = i_r - i_f$$

式中　i_r——给定回路电流；

　　　i_f——反馈回路电流；

　　　i_c——积分回路电流。

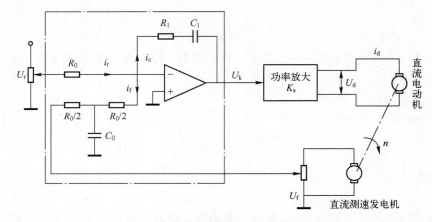

图 1-33　直流电动机速度反馈控制系统

$$I_c(s) = I_r(s) - I_f(s)$$

$$I_f(s) = \cfrac{U_f(s)}{\cfrac{1}{2}R_0 + \cfrac{\cfrac{1}{C_0 s} \times \cfrac{1}{2}R_0}{\cfrac{1}{C_0 s} + \cfrac{1}{2}R_0}} \times \cfrac{\cfrac{1}{C_0 S}}{\cfrac{1}{C_0 S} + \cfrac{1}{2}R_0} = \cfrac{U_f(s)}{1 + T_0 S} \times \cfrac{1}{R_0}$$

式中　T_0——滤波时间常数，$T_0 = \dfrac{1}{4}R_0 C_0$。

$$I_r(s) = \frac{U_r(s)}{R_0}$$

$$I_c(s) = \frac{U_k(s)}{R_1 + \dfrac{1}{C_1 S}} = \frac{U_k(s)\tau_1 s}{(1 + \tau_1 s)R_1}$$

式中　τ_1——积分时间常数，$\tau_1 = R_1 C_1$。

$$U_k(s) = K_c \frac{1 + \tau_1 s}{\tau_1 s}\Big[U_r - U_f(s)\frac{1}{1 + T_0 s}\Big], \quad K_c = \frac{R_1}{R_0}$$

（2）速度反馈环节　　　　　$U_f(s) = K_{sf}n(s)$

（3）功率放大环节　　　　　$U_d(s) = K_S U_k(s)$

（4）电动机环节

$$C_e n + i_d R_d + L_d \frac{\mathrm{d}i_d}{\mathrm{d}t} = u_d$$

$$U_d(s) - C_e n(s) = R_d(1 + T_d s)I_d(s)$$

$$I_d(s) = \frac{U_d(s) - C_e n(s)}{R_d(1 + T_d s)}$$

$$i_d C_m - i_z C_m = \frac{GD^2}{375}\frac{\mathrm{d}n}{\mathrm{d}t}$$

$$I_d(s) - I_z(s) = \frac{T_m C_e s}{R_d}n(s)$$

$$T_m = \frac{GD^2 R_d}{375 C_m C_e}$$

直流电动机速度反馈控制系统结构框图如图1-34所示。

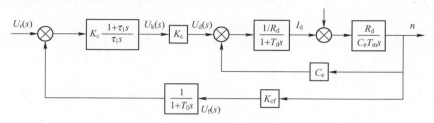

图1-34　直流电动机速度反馈控制系统结构框图

四、任务分析

由系统的数学模型形式看，可以把它分解为几个不能再细分的环节，之后对运放模块进行运算，计算出同数学模型相同的输入、输出关系，再按照信号的传递方向进行连接，就可以用熟悉的电路模块来模拟水箱液位系统了。

五、任务实施

1. 针对水箱液位控制系统的数学模型进行最小典型环节的划分

$$W(s) = \frac{10}{0.1s+1} = 10 \times \frac{1}{0.1s+1}$$

可以看成是由两个环节串联，即比例环节和惯性环节，分别写为如下形式：

比例环节：$W_2(s) = \dfrac{Y(s)}{U(s)} = 10$

惯性环节：$W_1(s) = \dfrac{Y(s)}{U(s)} = \dfrac{1}{0.1s+1}$

所以 $W(s) = W_1(s) \times W_2(s)$

2. 电路系统对最小典型环节的输入、输出关系模拟

（1）比例环节

已知由两个运放模块组成的系统如图1-35所示，求该系统的输出和输入的比值关系。

根据"虚地"概念可得

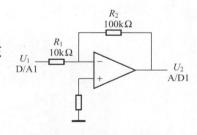

图1-35　比例环节运放模块

$$\frac{U_1}{U_2} = \frac{R_1}{R_2}$$

即

$$\frac{U_2}{U_1} = \frac{R_2}{R_1} \qquad\qquad (1-15)$$

当 $R_1 = 10\,\text{k}\Omega, R_2 = 100\,\text{k}\Omega$ 时

$$\frac{U_2}{U_1} = \frac{100}{10} = 10$$

（2）惯性环节

已知由运放模块组成的系统如图1-36所示，求该系统的输出和输入的比值关系。

根据运算放大器负向输入端"虚地"的概念，可求：

$$\frac{1}{Cs} / R_2 = \frac{\dfrac{R_2}{Cs}}{\dfrac{1}{Cs} + R_2} \qquad (1-16)$$

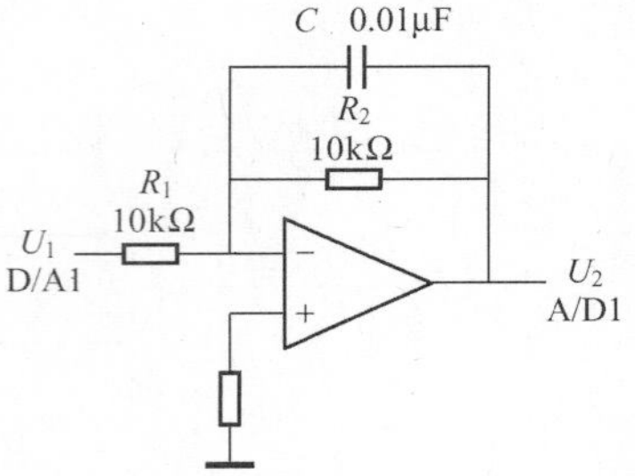

对式（1-16）化简后得

$$\frac{R_2}{R_2 Cs + 1} \qquad (1-17)$$

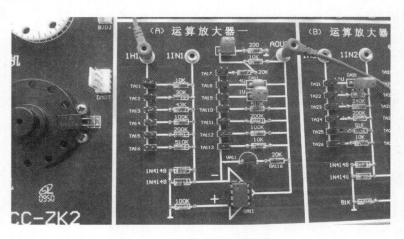

图 1-36　惯性环节运放模块

$$\frac{U_2}{U_1} = \frac{\dfrac{R_2}{R_2 Cs + 1}}{R_1} = \frac{\dfrac{R_2}{R_1}}{R_2 Cs + 1} \qquad (1-18)$$

当 $R_1 = R_2 = 10\,\text{k}\Omega$，$C = 0.01\,\mu\text{F}$ 时，代入式（1-18），得系统的输入、输出关系为

$$\frac{U_2}{U_1} = \frac{1}{0.1s + 1}$$

3. 在试验箱上连接电路模型，加上典型输入信号，分析输出响应

实验箱的搭建步骤如下：

1）将信号发生器（U）的插针"TD2"用"短路套"短接，使模拟电路中的场效应晶体管关断，这时运放处于工作状态。注意："TB41"不能用"短路套"短接。

2）构造 0～5 V 阶跃信号：将 I 单元中的电位器右上边用"短路套"短接到 GND，将 G 单元中的 0 V/5 V 测孔用导线连接到 I 单元的 RN2 测孔，按下 G 单元中的按键，在 I 单元中的电位器中心 KV 测孔处可得到阶跃信号输出，其值为 0～5 V 可调。

3）反馈值 $C = 0.01\,\mu\text{F}$ 时，B 单元中的 TA26、TA213 用"短路套"短接。

4）将 D 单元的 AOUT4 测孔用导线连接到 C 单元的 1H3 测孔；将模拟电路输入端（U_i）1H4 与阶跃信号的输出 KV 相连接；模拟电路的输出端（U_o）AOUT3 接至示波器。

5）按下 G 单元中的按钮时，用示波器观测输出端的实际响应曲线 $U_o(t)$，并将结果记下。

A. 比例环节构成如图 1-37 所示。

图 1-37　比例环节实物接线图

B. 惯性环节构成如图 1-38 所示。

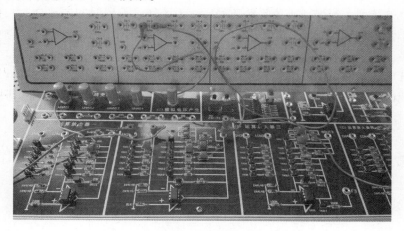

图 1-38　惯性环节实物接线图

4. 连接输入信号（见图 1-39）

图 1-39　比例惯性环节实物接线图

5. 单击运行，得到输出曲线（见图 1-40）

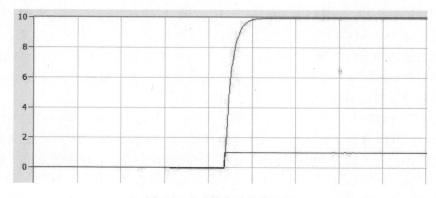

图 1-40　系统实验箱曲线图

6. 根据输出曲线分析系统的性能

控制系统的精度：当加入单位阶跃信号后，系统经过一段时间调整会达到稳态，在达到稳态后，稳态值为 9.9，和期望输出值相比差值为 0.1，所以该系统的稳态误差为 0.1，控制系统精度较高。

控制系统的稳定性：由图形曲线可以看出系统是稳定的。

控制系统的调节时间：加入单位阶跃信号后，系统大约经过 0.4 s 后达到稳定，所以该系统的调节时间为 0.4 s。

任务四　MATLAB 仿真分析法分析单容水箱系统的性能

一、任务目标

认知目标：
1. 了解仿真软件的基本使用方法；
2. 掌握应用仿真软件建立模型的方法。

能力目标：
能够应用仿真软件在 Simulink 环境下建立传递函数的数学模型并读取曲线含义。

二、任务描述

已知单容水箱的数学模型为 $W(s) = \dfrac{10}{0.1s + 1}$，请应用 MATLAB 软件分别在命令窗口和 Simulink 窗口求取单容水箱系统的单位阶跃响应曲线，并分析系统的性能。

三、相关知识点

（一）基本概念

MATLAB 软件简介

MATLAB 的中文名称为矩阵实验室，是由 MathWorks 公司推出的一种面向工程和科学运算的交互式计算软件，经过了将近 20 年的发展、竞争与完善，现已成为了国际公认的最优秀的科技应用软件之一。

MATLAB 有三大特点：第一是功能强大，包括数值计算、符号计算、计算结果和编程可视化、数学和文字一同处理、离线和在线计算等多种功能；第二是界面美观、语言自然，MATLAB 以复数矩阵为计算单元，其指令表达式与标准教科书中的数学表达式相接近；第三是开放性较强，MATLAB 有可扩充性，可以把它当作一种高级的语言去使用，用它可以容易地编写各种通用应用程序。

Simulink 是 MATLAB 的一个很重要的伴随工具，它是通过对现实世界中的各种物理系统建立模型，从而用计算机实现仿真的一种软件工具。将 Simulink 应用于自动控制系统，可以很容易地构建出符合人们要求的模型，并且可以灵活地修改参数，更方便地改变系统结构或进行模型的转换，同时也可以得到大量有关于系统设计的直观的曲线，这使它成为了国际控制界应用最广泛的计算机工具软件之一。正是因为 MATLAB 具有这些特点，所以被广泛使用，不仅成为世界上最受欢迎的科学与工程计算软件之一，而且也成为了国际上最流行的控制系统计算机辅助设计工具之一。

自动控制是控制理论中理论性相对较强的技术基础课，在工科专业的培养方面占有很重要的地位。在控制理论中，涉及了大量复杂的计算，在时域分析的过程中还会用到许多根轨迹图和伯德图，而 MATLAB 以矩阵和向量为最基本的数据单位，并且具有十分突出的矩阵计算能力；同时 MATLAB 也含有各种可选的工具箱，例如神经网络、模糊控制、小波分析、信号的处理、鲁棒控制等辅助计算工具。因此，在自主探索式的学习过程中，采用 MATLAB 来计算模拟自动控制理论中一些相对较难以理解的问题，能使原本比较抽象的问题更加形象化。在自动控制原理的理论的研究应用上，可以尝试运用 MATLAB 语言来解决稳态分析和作图问题，使计算和作图变得更加简单、高效。随着计算机技术的不断发展和普遍应用，MATLAB 结合自动控制理论技术在宇航、机器人控制等一些高新技术领域中的应用也越来越广泛。不仅如此，自动控制技术在生物、经济管理、医学和其他很多生活领域的应用也越来越依靠 MATLAB 的强大功能来实现自动控制要求，这些应用成为了现代社会生活中必不可少的一部分。随着时代的进步和人们生活水平的提高，在人们建设发达社会和高度文明的过程中，MATLAB 对自动控制技术的应用和研究也将进一步发挥更加重要的作用。

（二）理论推导

一阶系统的单位阶跃响应理论推导过程

当系统的输入信号 $r(t) = 1(t)$ 时，则系统的输出响应 $c(t)$ 为单位阶跃响应，其拉氏变换式为

$$C(s) = \phi(s)R(s) = \frac{1}{Ts+1} \frac{1}{s} = \frac{1}{s} - \frac{T}{Ts+1} \tag{1-19}$$

取 $C(s)$ 的拉氏反变换，得出一阶系统的单位阶跃响应为

$$c(t) = c_s(t) - c_t(t) = 1 - e^{-\frac{t}{T}} \quad (t \geqslant 0) \tag{1-20}$$

式中，$c_s(t) = 1$ 是稳态分量，由输入信号来决定；$c_t(t) = -e^{-\frac{t}{T}}$ 是系统的动态分量，它的变化规律是由传递函数的极点来决定的。当 $t \to \infty$ 时，瞬态分量按指数衰减到零。由式（1-20）求得 $c(0) = 0$、$c(\infty) = 1$ 及响应过程是单调上升的曲线。一阶系统的单位阶跃响应曲线如图 1-41 所示。

图 1-41 表明，一阶系统的单位阶跃响应并非周期响应，并且具备如下两个重要特点。

1）可用时间常数 T 来度量系统响应在各个时刻上的数值。即

$$
\begin{aligned}
c(0) &= 1 - e^0 = 0 \\
c(T) &= 1 - e^{-1} = 0.632 = 63.2\% c(\infty) \\
c(2T) &= 1 - e^{-2} = 0.865 = 86.5\% c(\infty) \\
c(3T) &= 1 - e^{-3} = 0.95 = 95\% c(\infty) \\
c(4T) &= 1 - e^{-4} = 0.982 = 98.2\% c(\infty) \\
&\vdots \\
c(\infty) &= 1
\end{aligned}
\tag{1-21}
$$

这一特性为采用实验方法来测定一阶系统的时间常数 T 提供了必要的理论依据。

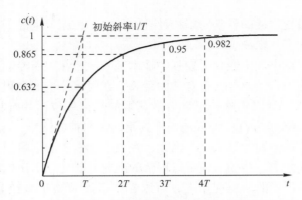

图1-41 一阶系统的单位阶跃响应曲线

2）响应曲线的斜率在 $t=0$ 处等于 $1/T$，并随时间的变化而单调下降。

$$\frac{\mathrm{d}c(t)}{\mathrm{d}t}\bigg|_{t=0} = \frac{1}{T}$$

$$\frac{\mathrm{d}c(t)}{\mathrm{d}t}\bigg|_{t=T} = 0.368\frac{1}{T} \qquad (1-22)$$

$$\frac{\mathrm{d}c(t)}{\mathrm{d}t}\bigg|_{t=\infty} = 0$$

这说明，一阶系统如果能保持 $t=0$ 时刻的初始响应速度不改变，在 $t=0\sim T$ 时间里响应过程便可完成其总变化量，并有 $c(T)=1$。但一阶系统的单位阶跃响应的实际响应速度并不能保持在 $1/T$ 不变，而是随时间的变化变为单调下降，从而使单位的阶跃响应完成全部变化量所需的时间为无限长，即有 $c(\infty)=1$。此外，初始斜率特性也是常用的确定一阶系统时间常数的方法。

根据动态性能指标的定义，一阶系统的动态性能指标为

$$t_\mathrm{d} = 0.69T$$

$$t_\mathrm{r} = 2.20T \qquad (1-23)$$

$$t_\mathrm{s} = 3T(\Delta = \pm 5\%) \sim 4T(\Delta = \pm 2\%)$$

显而易见，峰值时间 t_p 和超调量 $\sigma\%$ 都不存在了。

由于时间常数 T 是反映系统的惯性的，所以 T 越小，则一阶系统的惯性越小，其响应过程越快；反之，T 越大，惯性也越大，其响应过程就越慢。这一结论也同样适用于一阶系统的其他响应。

四、任务实施

1. 启动 MATLAB 仿真软件

本书使用 MATLAB7.1，在桌面上双击 图标即可进入 MATLAB 仿真环境，如图1-42所示。

2. 在命令窗口输入并执行 MATLAB 命令

```
Num = [10];          % num 为传递函数分子的系数
Den = [0.1 1];       % den 为传递函数分母的系数
sys = tf(num,den);   % 将"num,den"设为一个系统
```

step(sys); %绘制系统的阶跃响应曲线(曲线见图1-43)

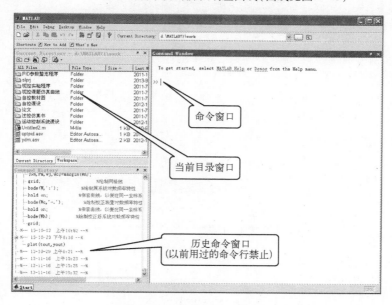

图 1-42　MATLAB7.1 主界面

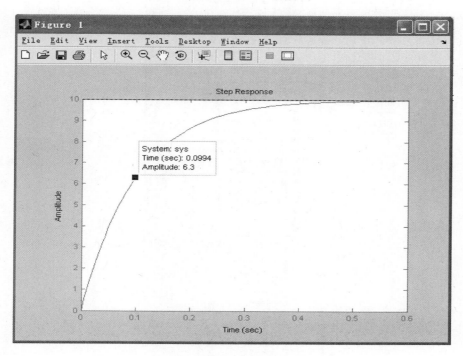

图 1-43　已知函数的 Simulink 仿真曲线

3. 启动 Simulink 模型库窗口

单击 MATLAB 主界面工具栏中的 Simulink 图标，即可打开 Simulink 模型库窗口界面，如图 1-44 和图 1-45 所示。

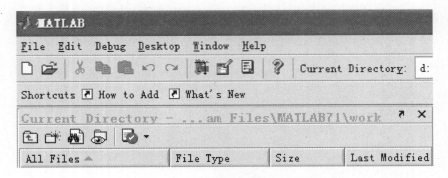

图 1-44 MATLAB 主界面工具栏

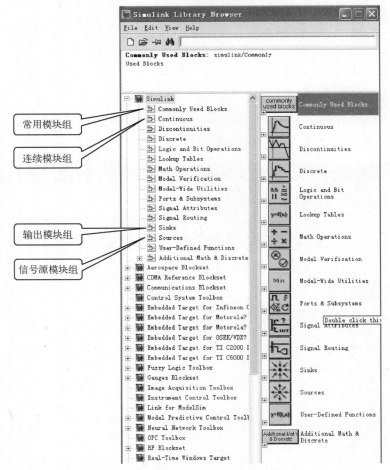

图 1-45 Simulink 模型库窗口界面

4. 建立 Simulink 仿真模型

在图 1-44 所示 Simulink 模型库窗口界面单击新建图标□，或者单击所示菜单系统中的 "File" → "New" → "Model" 命令，均可打开一个空白的模型编辑窗口，如图 1-46 所示。在该窗口中，将模块库中相应的模块拖到（复制到）编辑窗口，并依照要求修改编辑窗口中模块的参数，再将各个模块按照给定的框图依次连接起来，就可以对整个模型进行系统仿真了。

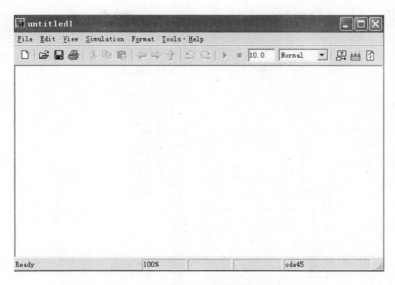

图 1-46　新建空白的模型编辑窗口

下面进行模块的选择，如图 1-47 至图 1-54 所示。

在"Sources"中选择"Step"选项，Step 为阶跃信号，如图 1-47 所示。

图 1-47　阶跃信号的选择图

在"Commonly Used Blocks"中选择"Sum"选项，Sum 为加法器，如图 1-48 所示。

接下来对加法器进行修改，双击加法器，打开相应的界面，如图 1-49 所示。将"Sum"中"List of signs"文本栏中的第二个正号改为负号，因为一阶单容水箱有反馈，并且是负反馈。

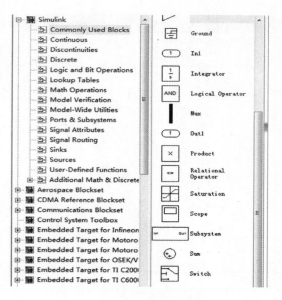

图 1-48 加法器的选择图

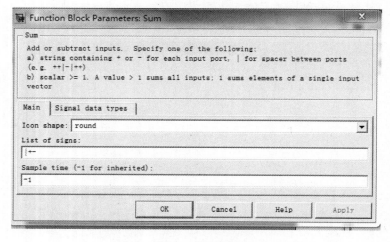

图 1-49 对加法器参数进行修改

选择"Commonly Used Blocks"中的"Integrator"选项,其为传递函数,如图 1-50 所示。

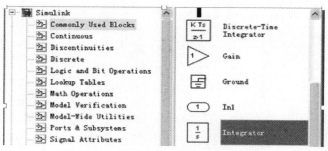

图 1-50 函数的选择图

选择"Commonly Used Blocks"中的"Gain"选项，Gain为放大，如图1-51所示。接下来对其参数进行修改，双击打开相应的界面，将放大倍数改为100，如图1-52所示。

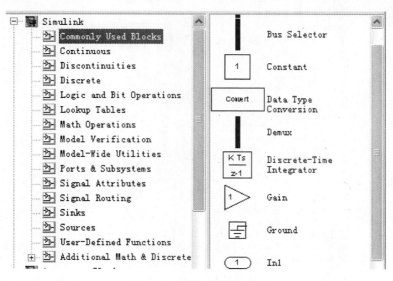

图1-51　放大器的选择图

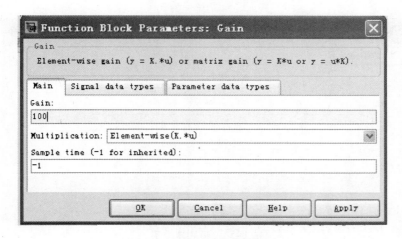

图1-52　放大器参数修改图

选择"Commonly Used Blocks"中的"Scope"选项，Scope为示波器，如图1-53所示。最后，将所选元件连接起来，如图1-54所示，注意有反馈。

5. 运行 Simulink 仿真模型

双击图1-55工具栏中的运行图标▶，或单击所示菜单系统中的"Simulink"→"Start"命令，均可运行仿真模型，再双击示波器模块◻，即可通过示波器观测到运行结果，如图1-55所示。

针对以上得出的曲线，下面进行稳定性的分析：

1）由仿真曲线可以看到，随着时间的推移，经过一段时间之后，系统的输出已经不再变化，而是呈现一个稳定的状态，可以说系统达到了稳定。

2）整个系统经过了 4 s 之后，系统达到了稳定，可以说系统调整速度较快。

3）当系统达到平衡状态后，实际输出稳定在 100 左右，同理想输出之间的差值较小，所以认为系统的控制准确度较高。

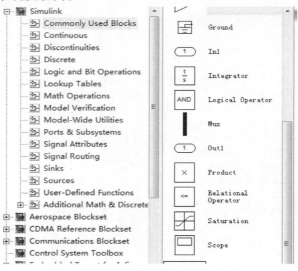

图 1-53　示波器选择图

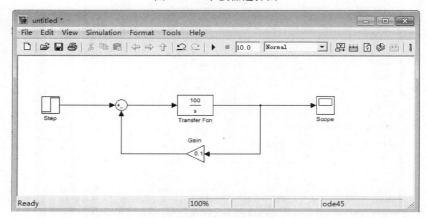

图 1-54　模块连线图

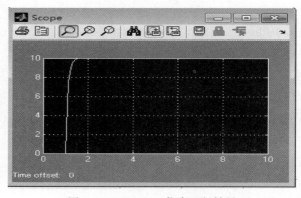

图 1-55　Simulink 仿真运行结果

任务五 改善单容水箱系统的性能

根据前面四个任务的分析与实施可以得出，判定一阶系统的暂态性能主要是看系统反应的快速性，因为一阶系统的暂态过程没有超调，所以这次任务我们从提高系统响应速度出发，来改善一阶系统的性能。

一、任务目标

认知目标：
1. 了解单容水箱控制系统的控制过程；
2. 掌握一阶系统在实验箱上的集成运放电路实现方法。

能力目标：
1. 能够控制单容水箱的响应过程；
2. 能够通过改变集成运放上电气元件的参数改变一阶系统的响应时间。

二、任务描述

小区单容水箱储水系统的数学模型为 $W(s) = \dfrac{10}{0.1s+1}$，请用理论推导和仿真图形演示两种方法来计算该系统的调节时间。请从数学模型的角度尝试改变参数，以取得该系统较好的控制效果。

三、相关知识点

（一）基本概念

传递函数的两种标准形式

传递函数的一般表达形式为

$$W(s) = \frac{b_0 s^m + b_1 s^{m-1} + \cdots + b_{m-1}s + b_m}{a_0 s^n + a_1 s^{n-1} + \cdots + a_{n-1}s + a_n}$$

通常根据不同场合的计算需要把传递函数写为以下两种标准形式：

$$W(s) = \frac{b_m}{a_n} \cdot \frac{d_0 s^m + d_1 s^{m+1} + \cdots + 1}{c_0 s^n + c_1 s^{n-1} + \cdots + 1} = \frac{K \prod\limits_{i=1}^{m}(T_i s + 1)}{\prod\limits_{j=1}^{n}(T_j s + 1)} \qquad (1-24)$$

式（1-24）称为时间常数形式，式中，T_i、T_j 称为时间常数；K 称为系统的放大系数或增益，也称为传递系数。这种表达方式可以应用到时域法和频域法的分析当中。

同时还可以把传递函数写为下面的标准形式：

$$W(s) = \frac{b_0}{a_0} \cdot \frac{s^m + d_1' s^{m-1} + \cdots + d_m'}{s^n + c_1' s^{n-1} + \cdots + c_n'} = \frac{K_g \prod\limits_{i=1}^{m}(s + z_i)}{\prod\limits_{j=1}^{n}(s + p_j)} \qquad (1-25)$$

式中　$-z_i$——分子多项式的根，即系统的零点，共有 m 个零点；

　　　$-p_j$——分母多项式的根，即系统的极点，共有 n 个极点；

K_g——系统根轨迹放大系数。

式（1-25）称为零极点表达形式。分母和分子多项式的根均可包括共轭复根和零根。这种表达方式多用于根轨迹法分析系统性能。

（二）方法和经验

缩短一阶系统调节时间的方法

某一阶系统的结构图如图 1-56 所示，如果要求 $t_s \leq 0.1s$，试问系统的反馈系数应取何值？

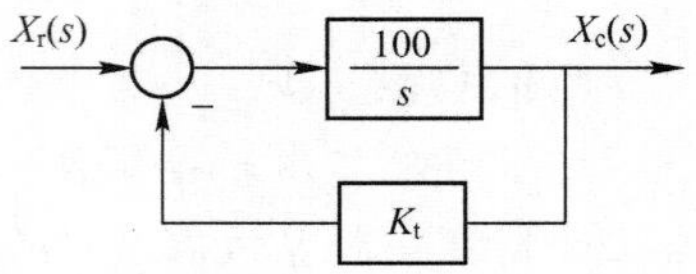

假设反馈系数为 $K_t (K_t > 0)$，首先由结构图写出闭环传递函数为

$$W_b(s) = \frac{100/s}{1 + \frac{100}{s} \times K_t} = \frac{1/K_t}{\frac{0.01}{K_t}s + 1}$$

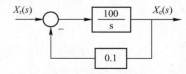

图 1-56　一阶系统的结构图

由闭环传递函数可得

$$T = 0.01/K$$

根据题意要求

$$t_s \leq 0.1s$$

有

$$t_s = 3T = 0.03/K_t \leq 0.1s$$

所以

$$K_t \geq 0.3s$$

四、任务分析

本次任务描述分为两个问题：第一个问题是要计算系统的调节时间，可以采用第一种理论推导的方法推导出系统的调节时间，第二种方法是采用画仿真图的方法来观察调节时间，这两种方法在上一任务中都有介绍，比较简单；第二个问题是要研究数学模型中参数对系统的调节时间的影响，在这里我们采用理论推导和实验两种方法进行验证，以期求得结论。

五、任务实施

1. 通过理论计算得出如何减小调节时间

一阶系统的结构图如图 1-57 所示。试求该系统单位阶跃响应的调节时间 t_s。

首先由系统结构图写出闭环传递函数

$$W_b(s) = \frac{X_c(s)}{X_r(s)} = \frac{100/s}{1 + \frac{100}{s} \times 0.1} = \frac{10}{0.1s + 1}$$

图 1-57　一阶系统的结构图

由闭环传递函数得到时间常数 $T = 0.1s$。因此调节时间

$$t_s = 3T = 0.3s \text{（取 5\% 误差带）}$$

闭环传递函数分子上的数值 10，称为放大系数（或开环增益），相当于串接一个 $K = 10$ 的放大器，故调节时间 t 与它无关，只取决于时间常数 T。

2. 用仿真画图的方法来观察调节时间

如图 1-58 所示，由仿真图形可得 $t_s = 0.3s$。

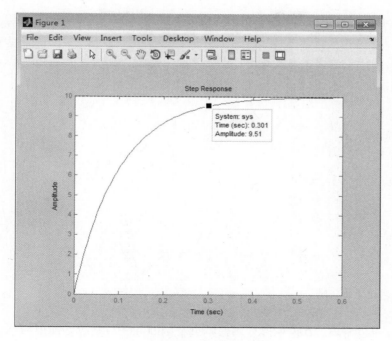

图 1-58　单位阶跃响应曲线

3. 研究参数变换后对系统调节时间的影响

对于不知道参数变换会如何影响系统性能的情况下，可以采取实验分析法和仿真分析法两种方法来进行分析。下面设计实验步骤。

（1）仿真分析法

首先打开 MATLAB 软件，单击 Simulink，新建文件，按图 1-59 选取相应的模块并按图连线，先改变放大系数 K，分别取值 1、10、100，其他系数不变，进行仿真。模块连接图如图 1-59 所示，仿真曲线如图 1-60 所示。

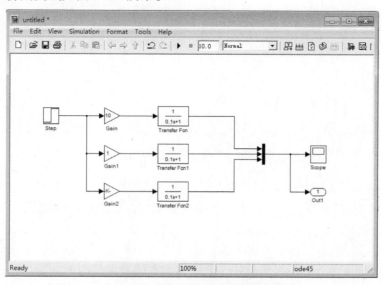

图 1-59　不同放大系数模块连接图

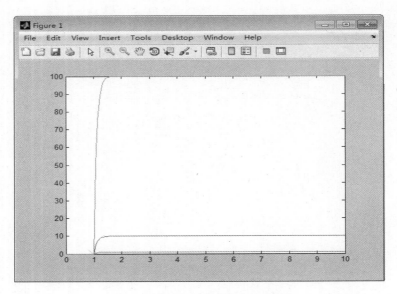

图 1-60　不同放大系数仿真曲线图

由图 1-60 可以看出，K 值的改变不影响调节的时间，只是改变输出的稳态值。

改变时间常数 T，分别取值 0.01、0.1、1，其他系数不变，进行仿真，模块连接如图 1-61 所示，仿真曲线如图 1-62 所示。

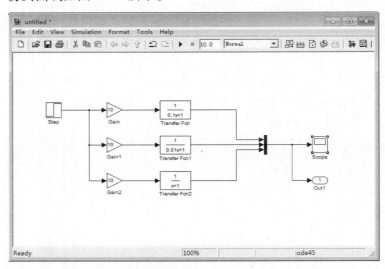

图 1-61　T 值不同时模块连接图

由图 1-62 可以看出，不同的时间常数，达到平衡需要的时间不同，T 值越小，系统达到稳定需要的时间越短；反之，T 值越大，系统达到稳定需要的时间越长。

（2）实验分析法

根据任务三的分析可知，该系统的数学模型由两个典型环节组成，即比例环节和惯性环节，下面我们分别改变两个环节的参数，进而改变系统数学模型的参数，在虚拟示波器上观察系统的输出响应，来分析系统在不同参数下的性能。

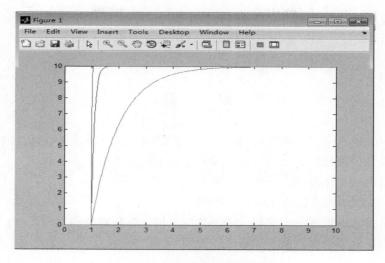

图 1-62 T 值不同时仿真曲线图

1）建立一阶系统模拟电路图，请按要求在实验箱上搭建如图 1-63 和图 1-64 所示的电路完成实验。

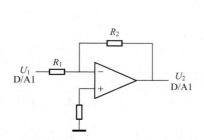

图 1-63 第一运放模块示意图

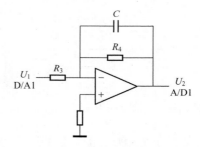

图 1-64 第二运放模块示意图

2）填写表 1-2，以第一行为例求出传递函数并由示波器得出输出响应曲线。

3）当比例系数 K 增大和减小（如第二行和第三行）时，分别测试其输出响应特性，并比较得出结论。

4）当时间常数 T 增大和减小（如第三行和第四行）时，分别测试其输出响应特性，并比较得出结论。

5）根据以上试验得到了什么结论？

表 1-2 输出响应特性比较

	传 递 函 数	第一运放模块参数	第二运放模块参数	输 出 曲 线
1	$W(s) = \dfrac{10}{0.1s+1}$	$R_1 = 20\,\text{k}\Omega$ $R_2 = 200\,\text{k}\Omega$	$R_3 = 10\,\text{k}\Omega$ $R_4 = 10\,\text{k}\Omega$ $C = 0.01\,\mu\text{F}$	
2		$R_1 = 200\,\text{k}\Omega$ $R_2 = 20\,\text{k}\Omega$	$R_3 = 10\,\text{k}\Omega$ $R_4 = 10\,\text{k}\Omega$ $C = 0.01\,\mu\text{F}$	
3		$R_1 = 10\,\text{k}\Omega$ $R_2 = 200\,\text{k}\Omega$	$R_3 = 10\,\text{k}\Omega$ $R_4 = 10\,\text{k}\Omega$ $C = 0.01\,\mu\text{F}$	
4		$R_1 = 20\,\text{k}\Omega$ $R_2 = 200\,\text{k}\Omega$	$R_3 = 1\,\text{k}\Omega$ $R_4 = 1\,\text{k}\Omega$ $C = 0.01\,\mu\text{F}$	
5		$R_1 = 20\,\text{k}\Omega$ $R_2 = 200\,\text{k}\Omega$	$R_3 = 100\,\text{k}\Omega$ $R_4 = 100\,\text{k}\Omega$ $C = 0.01\,\mu\text{F}$	

结论：一阶系统的调节时间是唯一同时间常数有关的，从理论推导和实验分析仿真计算都可以得到相同的结论，所以要想有效地改善一阶系统的调节时间，请在数学模型上减小系统的时间常数。

习　题

1.1　图 1-65 是液位控制系统示意图，在各种情况下，系统都能够保持液位恒定。

（1）指出系统的被控对象及被控量、输入量与干扰量；

（2）说明系统的工作原理，并画出框图。

1.2　图 1-66 所示为直流稳压电源原理图。

（1）指出系统的给定元件、比较元件、执行元件、被控对象和反馈元件；

（2）根据稳压原理画出框图，并指出其控制方式。

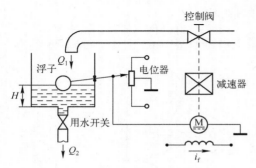
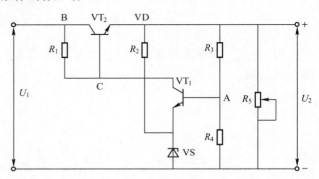

图 1-65　题 1.1 液位控制系统　　　　图 1-66　题 1.2 直流稳压电源原理图

1.3　建立图 1-67 所示各系统的微分方程。图中电压 U_i 和外力 $F(t)$ 为输入量，电压 $U_o(t)$ 和位移 $y(t)$ 为输出量。

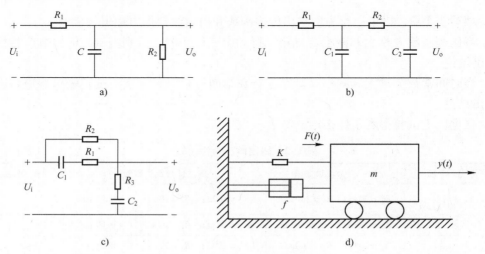

图 1-67　题 1.3 系统原理图

1.4 设初始条件均为零，试用拉氏变换法求解下列微分方程式，并绘制 $x(t)$ 曲线，指出各方程式的模态。

(1) $2x'(t) + x(t) = t$

(2) $x''(t) + x'(t) + x(t) = \delta(t)$

(3) $x''(t) + 2x'(t) + x(t) = 1(t)$

1.5 系统微分方程组如下。

(1) $x_1(t) = r(t) - c(t)$

(2) $x_2(t) = \tau \dfrac{\mathrm{d}x_1(t)}{\mathrm{d}t} + k_1 x_1(t)$

(3) $x_3(t) = k_2 x_2(t)$

(4) $x_4(t) = x_3(t) - k_5 c(t)$

(5) $\dfrac{\mathrm{d}x_5(t)}{\mathrm{d}t} = k_3 x_4(t)$

(6) $T \dfrac{\mathrm{d}c(t)}{\mathrm{d}t} + c(t) = k_4 x_5(t)$

式中，τ、T、$k_1 \sim k_5$ 均为常数。试建立以 $r(t)$ 为输入、$c(t)$ 为输出的系统结构图，并求系统的传递函数 $C(s)/R(s)$。

1.6 求图 1-68 所示运算放大器构成的网络的传递函数。

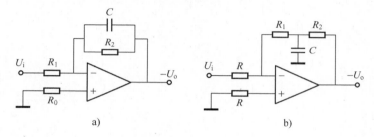

图 1-68　题 1.6 运放网络

1.7 求图 1-69 所示弹簧阻尼运动系统的传递函数。并分别求图 a 的 $\dfrac{X_\mathrm{o}(s)}{X_\mathrm{r}(s)}$、图 b 的 $\dfrac{X_\mathrm{o}(s)}{X_\mathrm{r}(s)}$、图 c 的 $\dfrac{X_\mathrm{o}(s)}{F(s)}$。

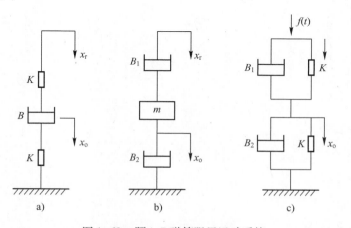

图 1-69　题 1.7 弹簧阻尼运动系统

1.8　试利用等效变换简化图 1-70 所示系统的结构图。

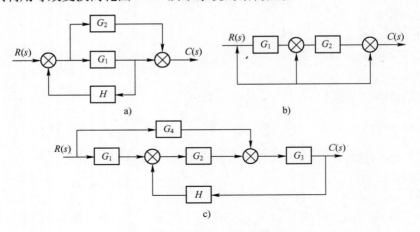

图 1-70　题 1.8 系统结构图

情境二 基于时域法的简单直流电机调速系统的分析与设计——二阶系统的分析与设计

电机是能量转换或者信号转换的机电装置，因为它能实现电能的变换、传输、分配、使用和控制等，所以在机械工业、冶金工业、化学工业中得到了普遍使用。通常利用电动机进行负载的拖动，在自动控制技术中，它主要作为电气传动装置的主要组成部分。本情境针对的实际对象为 Z2 系列小型直流电动机，其外形如图 2-1 所示。

Z2 系列直流电动机采用单相电源，经整流后为可控调速电动机，具有能耗低、软特性佳、调速平稳的优点，因此广泛应用在食品、制药、轻纺、造纸、印刷、水泥、塑料包装机械等领域。

适用条件：

环境空气温度：–15～30℃；

海拔：不超过 1000 m；

电压：直流 220 V（特殊电压可按用户要求）；

工作制与定额：连续（S1）；

冷却方式：自然风冷；

图 2-1 Z2–12 小型直流电动机

技术数据：

型号：Z2–12   功率：0.6 kW   电压：220 V   转速：1500 r/min

电流：4A   质量：35 kg

在本单元的学习中，将针对简单的直流电机调速控制系统进行分析，根据最简单的控制目标，由电枢电流控制电机转速，建立数学模型，分析系统的动态过程、响应速度快慢及控制系统的精度，并分析影响系统性能的原因。

任务一 简单直流电机数学模型的建立

一、任务目标

认知目标：

1. 了解直流电机满足的电气规律；

2. 了解直流电机数学模型的编写方法；

3. 了解直流电机的两种数学模型形式。

能力目标：

1. 能够根据电气规则编写直流电机的微分方程数学模型；

2. 能够将微分方程数学模型转化成传递函数数学模型。

二、任务描述

现将 Z2－12 型直流电机构成的简单直流电机调速系统简化成简易原理图，如图 2-2 所示。为了更好地研究系统的调速性能，请分析各个物理量之间的关系并请建立该系统的微分数学模型，应用数学工具、拉氏变换，将微分方程数学模型转换为传递函数数学模型。

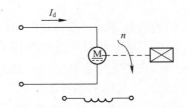

图 2-2　直流电机调速系统简易原理图

三、相关知识点

（一）基本概念

1. 二阶系统的概念

所谓二阶系统是指：由微分方程的形式看，输出项最高阶导数是二次的；由传递函数形式看，分母中算子 s 的最高次方是二次方；由实际系统看，系统中有两个储能元件，满足以上条件之一的就是二阶系统。在二阶系统中，当输入量发生变化时，两个储能元件的能量相互交换，在能量上出现来回交换的振荡状态，所以单独这样的环节也叫振荡环节。

2. 二阶系统（振荡环节）的标准形式

二阶系统的结构图如图 2-3 所示。

二阶系统开环传递函数：

$$W_{\mathrm{k}}(s)=\frac{\omega_{\mathrm{n}}^{2}}{s(s+2\xi\omega_{\mathrm{n}})}$$

二阶系统闭环传递函数：

$$W_{\mathrm{b}}(s)=\frac{W_{\mathrm{c}}(s)}{X_{\mathrm{r}}(s)}=\frac{\omega_{\mathrm{n}}^{2}}{s^{2}+2\xi\omega_{\mathrm{n}}s+\omega_{\mathrm{n}}^{2}}$$

无阻尼自然振荡角频率 ω_{n}：在电磁振荡电路中，如果没有能量损失，振荡应该永远地持续下去，电路中振荡电流的振幅应该永远保持不变，这种振荡叫作无阻尼振荡，也称为等幅振荡。在二阶系统中，当阻尼比为 0 时，系统的输出将呈现等幅振荡状态，当呈现等幅振荡状态时对应的角频率就是系统本身固有的角频率 ω_{n}。

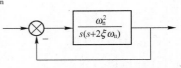

图 2-3　二阶系统的结构图

阻尼比 ξ：阻尼是指任何振动系统在振动中，由于外界作用或系统本身固有的原因引起的振动幅度逐渐下降的特性，以及此一特性的量化表征。阻尼比是无单位量纲，表示了结构在受激振后振动的衰减形式。可分为等于1、等于0、大于1、0~1之间4种，阻尼比=0即不考虑阻尼系统，常见的阻尼比都在0~1之间。

阻尼比是二阶系统的一个重要的特征参数，它对二阶系统动态特性有较大的影响。对于固定阻尼比的二阶系统，其快速性与稳定性是相互矛盾的，二者不能同时兼顾，这就限制了系统不能用于一些快速性与稳定性都要求较高的场合。

（二）方法和经验

分析如图2-4所示位置随动系统的数学模型：

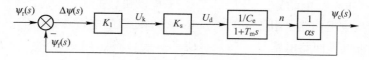

图2-4 位置随动系统

开环传递函数：

$$W_k(s) = \frac{K_k}{s(T_m s + 1)}$$

其中：

$$K_k = \frac{K_1 K_s}{C_e \alpha}$$

K_k 是开环放大倍数。

闭环传递函数：

$$W_b(s) = \frac{K_k}{T_m s^2 + s + K_k}$$

特征方程：

$$T_m s^2 + s + K_k = 0$$

典型二阶系统：

$$W_k(s) = \frac{\omega_n^2}{s(s + 2\xi\omega_n)}, \qquad W_b(s) = \frac{\omega_n^2}{s^2 + 2\xi\omega_n s + \omega_n^2}$$

$$W_k(s) = \frac{K_k}{s(T_m s + 1)} = \frac{K_k / T_m}{s(s + 1/T_m)} = \frac{\omega_n^2}{s(s + 2\xi\omega_n)}$$

令：

$$\omega_n = \sqrt{\frac{K_k}{T_m}}, \quad \xi = \frac{1}{2}\sqrt{\frac{1}{T_m K_k}}$$

四、任务分析

他励直流电动机可以通过控制电枢电压或者电枢电流来控制输出转速，由此确定输出量为转速，输入量为电枢电压，通过列写原始方程，消去中间变量，就可以得到直流电机微分方程的数学模型了，再对微分方程数学模型进行拉式变换就得到了传递函数数学模型。

五、任务实施

1. 输入、输出量的确定

根据简化和控制目的，可以选取电枢电压作为控制量，电动机的转速作为被控量，即分别为输入量和输出量。

2. 根据电气规律列写原始方程

直流电动机中基本的物理量意义如下：

e_d——电动机电枢反电动势 n——电动机转速

R_d——电动机电枢回路电阻 M——电动机的电磁转矩

L_d——电动机电枢回路电感 GD^2——电动机的飞轮惯量

i_d——电动机电枢回路电流 C_m——电动机的转矩常数

C_e——电动机电动势常数

根据电机特性中的转速特性电气关系，可以列写出原始方程，分为两部分，即电枢回路的微分方程式和转动部分的机械运动微分方程式。

确定输入、输出量：

输入量：　　　　　　　　$x_r = u_d$　电枢电压

输出量：　　　　　　　　$x_c = n$　　电机转速

列写原始方程

$$e_d + i_d R_d + L_d \frac{di_d}{dt} = u_d$$

$$e_d = C_e n$$

$$M = \frac{GD^2}{375} \frac{dn}{dt}$$

$$M = C_m i_d$$

消去中间变量 i_d、e_d、M，整理得

$$\frac{L_d}{R_d} \frac{GD^2}{375} \frac{R_d}{C_m C_e} \frac{d^2 n}{dt^2} + \frac{GD^2}{375} \frac{R_d}{C_m C_e} \frac{dn}{dt} + n = \frac{u_d}{C_e}$$

令 $\dfrac{L_d}{R_d} = T_d$ 为电磁时间常数，$\dfrac{GD^2}{375} \dfrac{R_d}{C_m C_e} = T_m$ 为机电时间常数，则方程变为

$$T_d T_m \frac{d^2 x_c}{dt^2} + T_m \frac{dx_c}{dt} + x_c = \frac{x_r}{c_e}$$

3. 拉氏变换

当初始条件为零时，对得到的微分方程式取拉式变换：

$$(T_d T_m s^2 + T_m s + 1) N(s) = \frac{U_d(s)}{C_e}$$

$$W(s) = \frac{N(s)}{U_d(s)} = \frac{1/C_e}{T_d T_m s^2 + T_m s + 1}$$

从传递函数的形式看，分母中 s 的最高次方是二次方，所以把这样的系统称为二阶系统。

任务二 简单直流电机数学模型的实验箱模块搭建及参数测定

一、任务目标

认知目标：

1. 了解实验箱上搭建典型环节的方法；
2. 掌握二阶系统的单位阶跃响应；
3. 了解二阶系统两个主要参数阻尼比和无阻尼自然振荡角频率对系统性能的影响。

能力目标：

1. 能够应用实验箱上的模型搭建实际的二阶系统；
2. 能够掌握实验箱上的模型参数同数学模型中两个参数的对应关系。

二、任务描述

某同学根据小型直流电机调速系统的工作机理，应用实验箱系统搭建了如图 2-5 所示的模型，搭建完毕后他无法求取该系统的传递函数，请帮助他求取传递函数，分析各个模块属于哪个典型环节，最后求出的系统属于几阶系统，并分析系统中参数变换时对系统性能的影响。

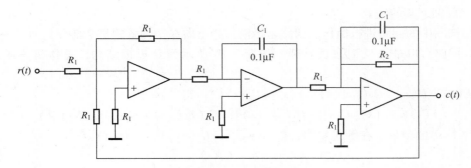

图 2-5 实验箱系统模型电路图

三、相关知识点

（一）基本概念

1. 结构图等效变换

结构图变换的目的是为了得到全系统或子系统的传递函数。变换的基本原则是保持变换前后输入、输出关系不变。变换过程按代数运算规则进行。基本的变换可以规划为 4 种方式。

（1）串联等效

两个子系统串联，如图 2-6 所示，如果不计负载效应，则串联后的总传递函数等于两个子系统传递函数的乘积。

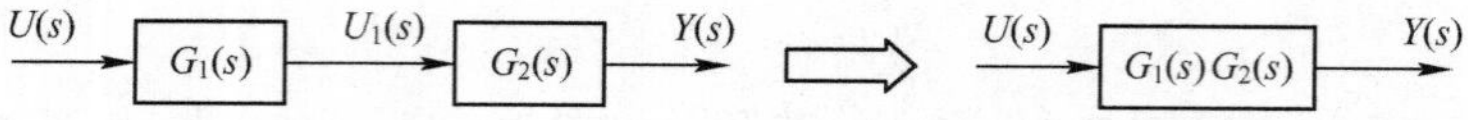

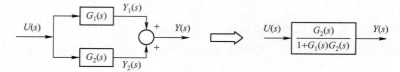

图 2-6　串联等效

由 $U_1(s) = G_1(s)U(s)$, $Y(s) = G_2(s)U_1(s)$, 可得
$$Y(s) = G_2(s)U_1(s) = G_1(s)G_2(s)U(s)$$
$$\frac{Y(s)}{U(s)} = G_1(s)G_2(s) \tag{2-1}$$

（2）并联等效

两个并联子系统的传递函数等于两个子系统的传递函数之和，如图 2-7 所示。

图 2-7　并联等效

由 $Y_1(s) = G_1(s)U(s)$, 可得
$$Y(s) = Y_1(s) + Y_2(s) = G_1(s)U(s) + G_2(s)U(s) = [G_1(s) + G_2(s)]U(s)$$
$$\frac{Y(s)}{U(s)} = G_1(s) + G_2(s) \tag{2-2}$$

（3）反馈回路的等效

对结构图中的回路进行简化。回路是指沿信号方向在结构图的每个部分只通过一次形成的闭环。回路可以是正反馈或负反馈。如图 2-8 所示为负反馈结构，总体传递函数推导如下。

由 $E(s) = U(s) - G_2(s)Y(s)$, $Y(s) = G_1(s)E(s)$ 得
$$Y(s) = G_1(s)[U(s) - G_2(s)Y(s)] = G_1(s)U(s) - G_1(s)G_2(s)Y(s)$$
将含 $Y(s)$ 的项集中在等式左侧，得 $[1 + G_1(s)G_2(s)]Y(s) = G_1(s)U(s)$
$$\frac{Y(s)}{U(s)} = \frac{G_1(s)}{1 + G_1(s)G_2(s)} \tag{2-3}$$

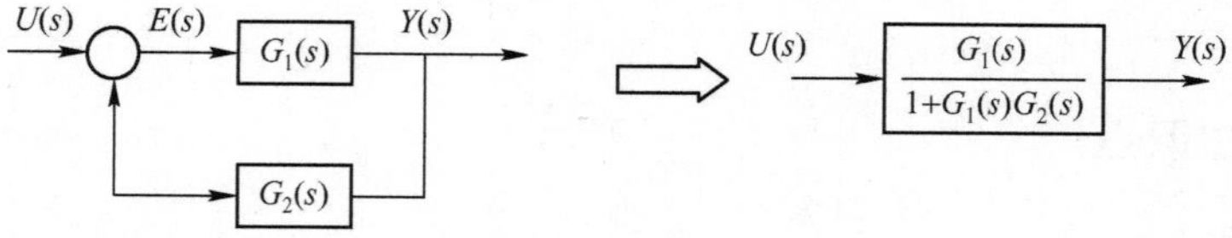

图 2-8　负反馈等效

（4）节点移动等效

节点移动的原则是保持节点移动前后对某一个封闭域的输入、输出关系不变，这个封闭域应该包含移动前后的节点位置。

例如，图 2-9a 中分支点移动前后，$X_1(s)$ 到 $X_2(s)$ 和 $X_1(s)$ 到 $X_3(s)$ 的传递函数保持不变。又如图 2-9b 中综合点移动前后，$X_1(s)$ 到 $X_2(s)$ 和 $X_2(s)$ 到 $X_3(s)$ 的传递函数保持不变。节点移动的情况有很多种，掌握了这个原则，就可以处理不同的情况。

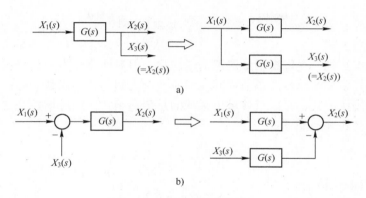

图 2-9　节点移动变换的例子

a）分支点向前移动　b）分支点向后移动

2. 信号流图和梅逊增益公式

信号流图：是一种用图线表示线性系统方程组的方法。即用一些圆圈和带箭头的线段组成。

（1）信号流图中的术语

为了进一步讨论信号流图的构成和绘制方法，下面介绍几个定义和术语。

① 源点。只有输出支路的节点称为源点，或称为输入节点，如图 2-10 中的 x_1。它一般表示系统的输入变量。

② 汇点。只有输入支路的节点称为汇点，或称为输出节点，如图 2-10 中的 x_5。它一般表示系统的输出变量。

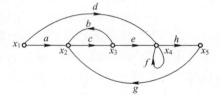

③ 混合节点。既有输入支路也有输出支路的节点称为混合节点，如图 2-10 中的 x_3、x_4 等。

图 2-10　系统信号流图

④ 通路。从某一节点开始，沿支路箭头方向经过各相连之路到另一个节点（或同一个节点）构成的路径，称为通路。通路中各支路传递函数的乘积称为通路传递函数。其中的 x_1 与 x_5 之间的通路为

$$x_1 \rightarrow x_2 \rightarrow x_3 \rightarrow x_4 \rightarrow x_5$$

该通路的增益为 $aceh$。图中 $x_2 \rightarrow x_3 \rightarrow x_4 \rightarrow x_5$ 也是通路。

⑤ 开通路。与任一节点相交不多于一次的通路称为开通路。

⑥ 闭通路。如果通路的终点就是通路的起点，并且与任何其他节点相交不多于一次的通路称为闭通路，或称为回环。图 2-10 中的 cb、$cehg$、f 等为回环。

⑦ 回环传递函数。回环中各支路传递函数的乘积称为回环传递函数（或称回环增益）。

⑧ 前向通路。前向通路是指从源点开始并终止于汇点且与其他节点相交不多于一次的通路，该通路的各传递函数乘积称为前向通路传递函数。如图 2-10 所示，x_1 为源点，x_5 为汇点，两点之间有两条前向通路，一条为 $x_1 \rightarrow x_2 \rightarrow x_3 \rightarrow x_4 \rightarrow x_5$，另外一条为 $x_1 \rightarrow x_4 \rightarrow x_5$，它们的前向通路传递函数分别为 $aceh$ 和 dh。

（2）不接触回环

如果一个信号流图有多个回环，各回环之间没有任何公共节点，就称为不接触回环，反之称为接触回环。如图 2-10 所示，f 与 cb 之间为不接触回环，而 f 与回环 $cehg$ 有公共节点，

为接触回环。同样，cb 与 $cehg$ 有公共节点，为接触回环。

（3）梅逊增益公式

利用上述基本法则，可以把信号流图初步简化，但对回路较多的信号流图来说，运用上述简化的法则计算系统的总传递函数或其他相应变量之间的传递函数，还是很复杂的。利用下面介绍的梅逊增益公式，可以直接求出系统的总传递函数。梅逊增益公式是利用拓扑的方法推导出来的，公式表示如下：

$$T = \frac{X_c}{X_r} = \frac{1}{\Delta} \sum_{k=1}^{n} T_k \Delta_k$$

式中　T——系统的总传输；

　　　n——系统的前向通路数；

　　X_r——系统的输入量；

　　T_k——第 k 条前向通路的传输；

　　X_c——系统的输出量；

　　Δ——信号流图的特征式，其意义如下：

$$\Delta = 1 - \sum L_1 + \sum L_2 - \sum L_3 + \cdots + (-1)^m \sum L_m$$

其中　$\sum L_1$——所有不同回环的传输之和；

　　　$\sum L_2$——每两个互不接触回环传输乘积之和；

　　　$\sum L_3$——每三个互不接触回环传输乘积之和；

　　　$\sum L_m$——每 m 个互不接触回环传输乘积之和；

　　　Δ_k——第 k 条通路特征式的余子式，是在 Δ 中除去第 k 条前向通路相接触的各回环传递函数（即将其置零）。

上述公式中的接触回环，是指具有共同节点的回环，反之称为不接触回环。与第 k 条前向通路具有共同节点的回环，称为第 k 条前向通路的接触回环。

利用上述公式时，要特别注意 $\sum_{k=1}^{n}$ 这一求和符号。它是从输入节点到输出节点之间全部可能的前向通路之和。

根据梅逊增益公式计算系统的传递函数，首要问题是正确识别所有的回环并区别它们是否相互接触，是什么类型的接触，以正确识别所规定的输入节点与输出节点的所有前向通路及与其相接触的回环，现举例说明如下。

（二）理论推导

二阶系统暂态性能指标

（1）上升时间

令 $x_c(t) = 1$，得

$$t_r = \frac{\pi - \theta}{\omega_n \sqrt{1 - \xi^2}} = \frac{\pi - \theta}{\omega_d}$$

ξ 一定时：ω_n 大 $\to t_r$ 小；ω_n 小 $\to t_r$ 大

ω_n 一定时：ξ 大 $\to t_r$ 大；ξ 小 $\to t_r$ 小

（2）最大超调量 $\delta\%$

令 $\dfrac{\mathrm{d}x_c(t)}{\mathrm{d}t} = 0$，得

$$t_{\mathrm{m}} = \frac{\pi}{\sqrt{1-\xi^2}\,\omega_{\mathrm{n}}} = \frac{\pi}{\omega_{\mathrm{d}}}, \quad x_{\mathrm{cm}} = 1 + \mathrm{e}^{-\frac{\xi\pi}{\sqrt{1-\xi^2}}}, \quad \delta\% = \frac{x_{\mathrm{cm}} - x_{\mathrm{c}}(\infty)}{x_{\mathrm{c}}(\infty)}, \quad \delta\% = \mathrm{e}^{-\frac{\xi\pi}{\sqrt{1-\xi^2}}} \times 100\%$$

$$\xi \uparrow \rightarrow \delta\% \downarrow, \quad \xi \downarrow \rightarrow \delta\% \uparrow$$

最大超调量 $\delta\%$ 的大小反应系统的相对稳定性。

（3）调节时间 t_{s}

令 $\Delta x_{\mathrm{c}}(t) = x_{\mathrm{c}}(\infty) - x_{\mathrm{c}}(t) \approx 0.05$ 或 0.02，得

$$t_{\mathrm{s}}(5\%) = \frac{1}{\xi\omega_{\mathrm{n}}}\left[3 - \frac{1}{2}\ln(1-\xi^2)\right] \approx \frac{3}{\xi\omega_{\mathrm{n}}}$$

或 $0 < \xi < 0.9$

$$t_{\mathrm{s}}(2\%) = \frac{1}{\xi\omega_{\mathrm{n}}}\left[4 - \frac{1}{2}\ln(1-\xi^2)\right] \approx \frac{4}{\xi\omega_{\mathrm{n}}}$$

t_{s} 与 $\xi\omega_{\mathrm{n}}$ 成反比，ξ 一般由 $\delta\%$ 决定，则 t_{s} 值由 ω_{n} 决定。

（4）振荡次数 μ

振荡次数是指在调节时间 t_{s} 内，$x_{\mathrm{c}}(t)$ 波动的次数。根据定义：

$$\mu = \frac{t_{\mathrm{s}}}{t_{\mathrm{f}}} = \frac{t_{\mathrm{s}}}{2\pi/\omega_{\mathrm{d}}} = \frac{t_{\mathrm{s}}}{\dfrac{2\pi}{\omega_{\mathrm{n}}\sqrt{1-\xi^2}}}$$

$$\mu(2\%) \approx \frac{2\sqrt{1-\xi^2}}{\pi\xi}, \quad \mu(5\%) \approx \frac{1.5\sqrt{1-\xi^2}}{\pi\xi}$$

二阶工程最佳参数：

$$\xi = \frac{1}{\sqrt{2}} = 0.707, \quad \omega_{\mathrm{n}} = \frac{1}{\sqrt{2}\,T}$$

其中

$$T = \frac{1}{2\xi\omega_{\mathrm{n}}} = \frac{1}{\sqrt{2}\,\omega_{\mathrm{n}}}$$

（三）方法和经验

1. 数学模型组合连接的 MATLAB 求法

系统组合是将两个或多个子系统按一定方式加以连接形成新的系统。组合方式主要有串联、并联、反馈等形式。MATLAB 提供了进行这类组合连接的相关函数。

（1）串联

在 MATLAB 中求取整体传递函数的功能，采用如下的语句或函数来实现：

```
G = G₁ * G₂
G = series(G₁,G₂)
[num,den] = series(num1,den1,num2,den2)
```

【例1】四个环节 $G_1(s)$、$G_2(s)$、$G_3(s)$、$G_4(s)$ 串联，求等效的整体传递函数 $G(s)$。

$$G_1(s) = G_3(s) = G_4(s) = \frac{5}{s+3} \qquad G_2(s) = \frac{2s+1}{s^2+2s+3}$$

【解】程序如下：

```
>> n1 = 5;
>> d1 = [1  3];
>> n2 = [2  1];
```

```
>> d2 = [1 2 3]
>> G₁ = tf(n1,d1);
>> G₂ = tf(n2,d2);
>> G = G₁ * G₂ * G₃ * G₁
```

运行结果为

$$\frac{250s + 125}{s^5 + 11s^4 + 48s^3 + 108s^2 + 135s + 81}$$

Transfer function：

（2）并联

两环节 $G_1(s)$ 与 $G_2(s)$ 并联，则等效的整体传递函数为

$$G(s) = G_1(s) + G_2(s)$$

在 MATLAB 中求取整体传递函数的功能，采用如下的语句或函数来实现：

$G = G_1 + G_2$

$G = parallel(G_1, G_2)$

$[num, den] = parallel(num1, den1, num2, den2)$

（3）反馈

反馈系统是控制系统中最为重要与常见的一类系统，MATLAB 提供了构造反馈系统的函数 feedback()，其一般格式如下：

$sys = feedback(sys1, sys2, sign)$

执行该语句将实现两个系统的反馈连接，sign 默认时即为负反馈，sign = 1 时为正反馈。

如果 sys1 与 sys2 用传递函数描述，则反馈系统的传递函数为

$$sys(s) = \frac{sys1(s)}{1 \pm sys1(s) sys2(s)}$$

（4）系统的复杂连接

在系统分析与研究的实际问题中，往往会遇到一些十分复杂的控制系统，这就需要更加有力的手段和方法。

MATLAB 为进行这种工作提供了必要的选择。例如，可利用 connect() 函数及 nblocks - blkbuild 所构造的程序模块，实现由众多环节组合连接成复杂系统。

2. 结构图等效变换

（1）求图 2-11 所示系统的传递函数

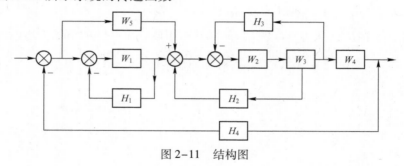

图 2-11　结构图

解：用结构图等效变换法求解，化简过程如图 2-12 所示。

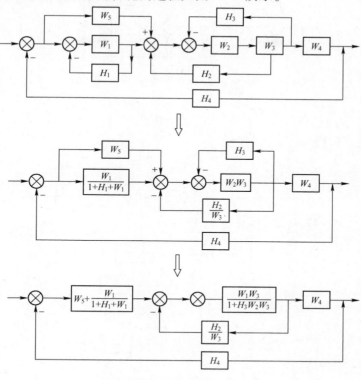

图 2-12　化简过程

从而得到传递函数为

$$W_b(s) = \frac{W_2 W_3 W_4 (W_1 + W_5 + H_1 W_1 W_5)}{(1 + H_1 W_1)(1 + H_3 W_2 W_3 + W_2 H_2) + W_2 W_3 W_4 H_4 (W_1 + W_5 + W_1 W_5 H_1)}$$

（2）求图 2-13 所示系统的传递函数：$W_1(s) = \dfrac{X_c(s)}{X_r(s)}$，$W_2(s) = \dfrac{X_c}{X_N}$。

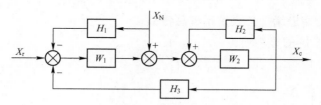

图 2-13　结构图

解：1）令

$$X_N(s) = 0$$

可将图 2-13 化简为图 2-14。
所以

$$W_1(s) = \frac{X_c(s)}{X_r(s)} = \frac{W_1 W_2}{1 - W_2 H_2 + W_1 W_2 H_3}$$

53

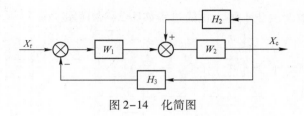

图 2-14　化简图

2）令

$$X_r(s) = 0$$

图 2-13 的化简过程如图 2-15 所示。

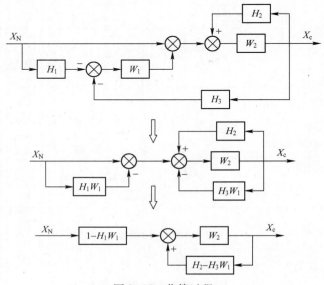

图 2-15　化简过程

所以

$$W_2(s) = \frac{X_c(s)}{X_N(s)} = \frac{W_2 - W_1 W_2 H_1}{1 - W_2 H_2 + W_1 W_2 H_3}$$

3. 应用信号流图梅逊增益公式求系统总传输

求图 2-16 所示系统的总传输：

$$T = \frac{X_c}{X_r}$$

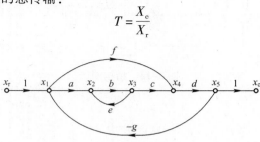

图 2-16　信号流图

解：（1）确定 n 及其增益：$n = 2$；$T_1 = abcd$；$T_2 = fd$

（2）确定回环数：系统中有 3 个回环

$$① = be;　② = -abcdg;　③ = -fdg$$

（3）确定 Δ：

$$\sum L_1 = be - abcdg - fdg；\sum L_2 = be(-fdg) = -befdg；$$

$$\sum L_3 = 0$$

$$\Delta = 1 - \sum L_1 + \sum L_2 - \sum L_3 = 1 - be + abcdg + fdg - befdg$$

（4）确定 Δ_1、Δ_2：

$$\Delta_1 = 1；\quad \Delta_2 = 1 - be$$

（5）系统的总传输

$$T = \frac{T_1 \Delta_1 + T_2 \Delta_2}{\Delta} = \frac{abcd + fd(1-be)}{1 - be + (f + abc - bef)dg}$$

4. 系统暂态性能分析

有一位置随动系统，其结构图如图 2-17 所示，令 $K_k = 4$，

求：（1）自然振荡角频率 ω_n；

（2）阻尼比 ξ；

（3）超调量 $\delta\%$ 和调节时间 t_s；

（4）如果要求 $\xi = 0.707$，应怎样改变系统参数 K_k 的值。

解：该系统的开环传递函数为

$$W_k(s) = \frac{4}{s(s+1)}$$

（1）$\omega_n = \sqrt{K_k} = \sqrt{4} = 2$

（2）$2\xi\omega_n = 1，\xi = 1/2\omega_n = 0.25$

（3）$\delta\% = e^{-\frac{\xi\pi}{\sqrt{1-\xi^2}}} \times 100\% = 47\%，t_s(5\%) \approx \frac{3}{\xi\omega_n} = 6\text{ s}$

（4）若 $\xi = 0.707$，则 $\omega_n = 1/2\xi = 1/\sqrt{2}$

故：

$$K_k = \omega_n^2 = 0.5$$

为改善上述系统的暂态品质，满足 $\delta\% < 5\%$ 的要求，可加入微分负反馈 τs，求微分时间常数。

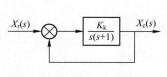

图 2-17　位置随动系统

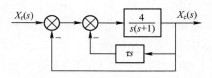

图 2-18　结构图

解：系统开环传递函数为

$$W_k(s) = \frac{\dfrac{4}{s(s+1)}}{1 + \dfrac{4}{s(s+1)}\tau s} = \frac{4}{s(s+1+4\tau)}$$

$$\omega_n^2 = 4 \quad \omega_n = 2 \quad 2\xi\omega_n = 1 + 4\tau$$

$$\tau = \frac{2\xi\omega_n - 1}{4} = \frac{2 \times 0.707 \times 2 - 1}{4} = 0.457$$

$$W_k(s) = \frac{4}{s(s + 1 + 4\tau)} = \frac{\dfrac{4}{1 + 4\tau}}{s\left(\dfrac{4}{1 + 4\tau}s + 1\right)} \quad W_k(s) = \frac{K_k}{s(Ts + 1)}$$

$$K_k = \frac{4}{1 + 4\tau} = 1.414$$

四、任务分析

第一个任务是求系统的数学模型，由图形上看，该系统由三个典型环节组成，分别是比例环节、积分环节和惯性环节。分别求取各自对应的传递函数，再按照信号传递的方向连接，就可以计算出整个系统的传递函数。

第二个任务是分析参数变换对系统性能的影响，只需改变参数后对系统加单位阶跃信号，观察其实际输出响应。

五、任务实施

1. 第一模块：比例模块

比例环节电路图如图 2-19 所示。

$$\frac{U_2}{U_1} = \frac{R_1}{R_1} = 1 \tag{2-4}$$

2. 第二模块：积分模块

积分环节电路图如图 2-20 所示。

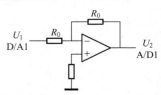

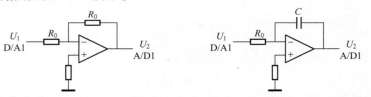

图 2-19　比例环节电路图　　　　图 2-20　积分环节电路图

为了计算方便，在图上标注一些变量变换后的图形，如图 2-21 所示。

图 2-21 为自动控制系统中经常应用的积分调节器。由于运算放大器具有很大的开环放大系数 K_0，因此 A 点的对地电位 U_A 很低，与此同时，放大器的输入电流也很小，均可忽略不计。因此得

$$i_c = i_0 = \frac{U_r}{R_0} \tag{2-5}$$

图 2-21　积分环节等效电路图

又因输出电压 u_c 近似等于电容两端电压，所以得

$$U_c = \frac{1}{C}\int i_c \mathrm{d}t = \frac{1}{R_0 C}\int U_r \mathrm{d}t = \frac{1}{T}\int U_r \mathrm{d}t \tag{2-6}$$

式中　T——积分时间常数，$T = R_0 C$。

由此得传递函数为

$$W(s) = \frac{U_c(s)}{U_r(s)} = \frac{1}{Ts} = \frac{k}{s} \tag{2-7}$$

式中，$k = \dfrac{1}{T}$。

3. 第三模块：惯性模块

惯性环节电路图如图 2-22 所示。

$$\frac{U_1}{R_1} = \frac{U_2}{\dfrac{1}{C_1 s} // R_2} \tag{2-8}$$

$$\frac{1}{C_1 s} // R_2 = \frac{\dfrac{R_2}{C_1 s}}{\dfrac{1}{C_1 s} + R_2} \tag{2-9}$$

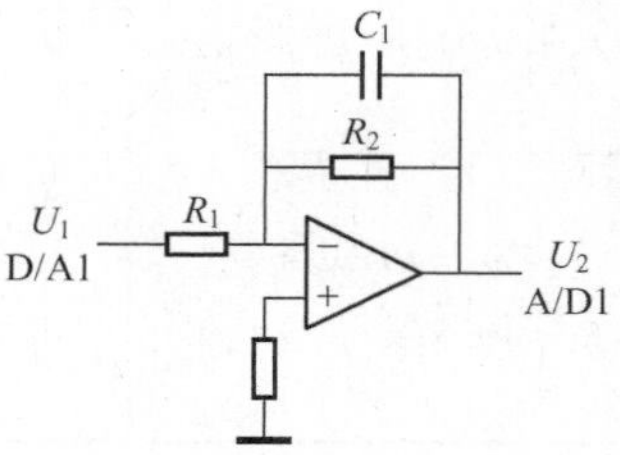

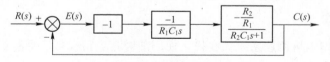

图 2-22　惯性环节电路图

化简后得

$$\frac{R_2}{R_2 C_1 s + 1} \tag{2-10}$$

$$\frac{U_2}{U_1} = \frac{\dfrac{R_2}{R_2 C_1 s + 1}}{R_1} = \frac{\dfrac{R_2}{R_1}}{R_2 C_1 s + 1} \tag{2-11}$$

4. 整个系统的传递函数形式

根据以上的分析过程，按照实验箱内的信号连接方式，可以得到实际系统的传递函数为

$$\frac{C(s)}{R(s)} = \frac{-\left(\dfrac{1}{R_1 C_1}\right)^2}{s^2 + \dfrac{1}{R_2 C_1}s + \left(\dfrac{1}{R_1 C_1}\right)^2} \tag{2-12}$$

$\omega_n = \dfrac{1}{R_1 C_1}$，$\xi = \dfrac{R_1}{2R_2}$，所以改变阻容值可改变 ω_n 的大小，同时改变阻容值也可改变 ξ 的大小。若想改变系统的参数就可以改变阻容值。对应的系统框图如图 2-23 所示。

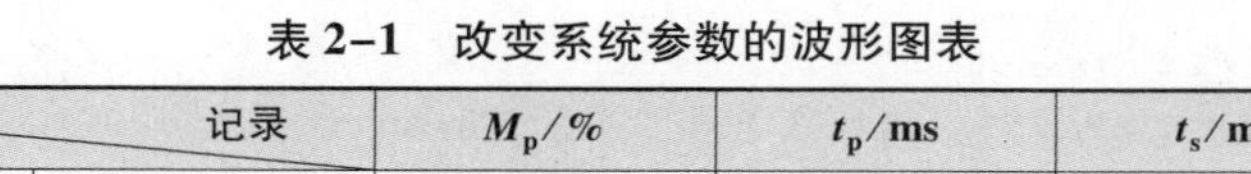

图 2-23　系统框图

体会改变参数的时候对系统性能的影响，为了完成该任务，请按照表 2-1 进行填写，并应用试验箱进行数据的读取。

表 2-1　改变系统参数的波形图表

参数	记录	$M_p / \%$	t_p / ms	t_s / ms	阶跃响应波形
$\omega_n = 10\,\text{rad/s}$ ($R_1 = 100\,\text{k}\Omega$　$C_1 = 1\,\mu\text{F}$)	$R_2 = \infty$ $\xi = 0$	100%			
	$R_2 = 200\,\text{k}\Omega$ $\xi = 0.25$				

参数	记录	$M_p/\%$	t_p/ms	t_s/ms	阶跃响应波形
$\omega_n = 10\ rad/s$ $(R_1 = 100\ k\Omega \quad C_1 = 1\ \mu F)$	$R_2 = 100\ k\Omega$ $\xi = 0.5$				
	$R_2 = 50\ k\Omega$ $\xi = 1$				
$\omega_n = 10\ rad/s$ $(R_1 = 100\ k\Omega \quad C_1 = 1\ \mu F)$	$R_2 = 200\ k\Omega$ $\xi = 0.25$				
	$R_2 = 200\ k\Omega$ $\xi = 0.5$				

完成表2-1后，从阶跃响应曲线上你能得到什么结论？

提示1. 固定阻尼比不变，通过改变阻容值继而改变无阻尼自然振荡角频率后，不同的值会使系统的单位阶跃响应曲线产生怎样的改变？

提示2. 固定无阻尼自然振荡角频率不变，通过改变阻容值进而改变阻尼比后，不同的值会使系统的单位阶跃曲线产生怎样的改变？

任务三　小型直流电机系统暂态性能分析

一、任务目标

认知目标：

1. 了解二阶系统的暂态性能；
2. 掌握二阶系统暂态性能指标的分析和计算方法。

能力目标：

1. 能够掌握二阶系统阶跃响应的计算方法；
2. 掌握从单位阶跃响应曲线中求取各指标的方法。

二、任务描述

现欲设计一小型电机调速系统，在投入使用前对其进行模拟仿真测试，如果合理选择机型的话，其数学模型为 $W_b = \dfrac{1}{s^2 + s + 1}$，应用仿真软件对其进行单位阶跃输入测试，图形如图2-30所示。现欲投入实际生产中，在投入之前，需要计算系统的暂态性能指标，试分析计算此二阶系统的暂态性能指标。

三、相关知识点

（一）基本概念

二阶系统的暂态性能指标

系统从一个稳态过渡到新的稳态都需要经历一段时间，即需要经历一个过渡过程。表征这个过渡过程性能的指标叫作暂态性能指标。如果控制对象的惯性很大，系统的反馈又不及时，则被控量在暂态过程中将产生过大的偏差，到达稳定的时间拖长，并呈现各种不同的暂态过程。对于一般的控制系统，当给定量或者扰动量突然增加到某一给定值时，输出量的暂态过程可能有以下几种情况：

（1）衰减振荡过程

这时被控量变化很快，一旦产生超调，需经过几次振荡才能达到新的稳定工作状态，如图 2-24 所示。

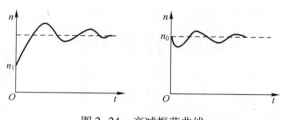

图 2-24　衰减振荡曲线

（2）持续振荡过程

这时被控量持续振荡，始终不能达到新的稳定工作状态，如图 2-25 所示，这属于不稳定过程。

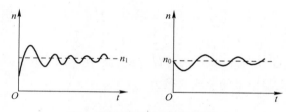

图 2-25　持续振荡过程曲线

（3）发散振荡过程

这时被控量发散振荡，不能达到所要求的稳定工作状态。在这种情况下，不但不能纠正偏差，反而使偏差越来越大，如图 2-26 所示，这也属于不稳定状态。

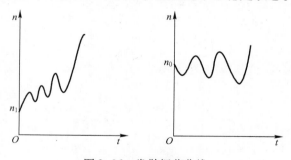

图 2-26　发散振荡曲线

一个控制系统除了稳态控制精度要满足一定的要求以外，对控制信号的响应过程也要满足一定的要求，这些要求表现为动态性能指标。

动态性能指标如下：

1）延迟时间 t_d：指响应曲线第一次达到其稳态值一半所需的时间，记作 t_d。

2）上升时间 t_r：指响应曲线首次从稳态值的 10% 过渡到 90% 所需的时间；对于有振荡

的系统，亦可定义为响应曲线从零首次达到稳态值所需的时间，记作 t_r。上升时间是系统响应速度的一种度量，上升时间越短，响应速度越快。

3）峰值时间 t_p：指响应曲线第一次达到峰点的时间，记作 t_p。

4）调节时间 t_s：指响应曲线最后进入偏离稳态值的误差为 $\pm5\%$（也有取 $\pm2\%$）的范围并且不再越出这个范围的时间，记作 t_s。

5）超调量 $\sigma\%$：对于振荡性的响应过程，响应曲线第一次越过稳态值达到峰值时，越过部分的幅度与稳态值之比称为超调量，记作 $\sigma\%$，即

$$\sigma\% = \frac{C_{max} - C(\infty)}{C(\infty)} \times 100\% \tag{2-13}$$

式中　$C(\infty)$——响应曲线的稳态值，$C_{max} = C(t_p)$ 表示峰值。

（二）理论推导

1. 求取典型二阶系统的单位阶跃响应

典型二阶系统的数学模型为

$$W_b(s) = \frac{\omega_n^2}{s^2 + 2\xi\omega_n s + \omega_n^2}$$

当 $0 < \xi < 1$（欠阻尼）时，特征方程的根为

$$-p_1 = -(\zeta - j\sqrt{1-\xi^2})\omega_n$$

$$-p_2 = -(\zeta - j\sqrt{1-\xi^2})\omega_n$$

由于 $0 < \xi < 1$，故 $-p_1$ 及 $-p_2$ 为一对共轭复根，如图 2-27 所示。
在前面任务已经求出输出量的拉式变换为

$$X_C(s) = \frac{1}{s} - \frac{s + 2\xi\omega_n}{s^2 + 2\xi\omega_n s + \omega_n^2}$$

为了对 $X_C(s)$ 求拉式反变换，将上式作如下变换并求其原函数，得

$$C(s) = \frac{\omega_n^2}{s^2 + 2\xi\omega_n s + \omega_n^2}\ \frac{1}{s} = \frac{1}{s} - \frac{s + 2\xi\omega_n}{s^2 + 2\xi\omega_n s + \omega_n^2} \tag{2-14}$$

$$= \frac{1}{s} - \frac{s + \xi\omega_n}{(s + \xi\omega_n)^2 + \omega_d^2} - \frac{\xi\omega_n}{(s + \xi\omega_n)^2 + \omega_d^2}$$

$$c(t) = 1 - e^{-\xi\omega_n t}\cos\omega_d t - \frac{\xi\omega_n}{\omega_d}e^{-\xi\omega_n t}\sin\omega_d t$$

$$= 1 - e^{-\xi\omega_n t}\left(\cos\omega_d t + \frac{\xi}{\sqrt{1-\xi^2}}\sin\omega_d t\right) \tag{2-15}$$

$$= 1 - \frac{1}{\sqrt{1-\xi^2}}e^{-\xi\omega_n t}\sin(\omega_d t + \theta) \quad t \geq 0$$

$$x_c(t) = 1 - \frac{1}{\sqrt{1-\xi^2}}e^{-\xi\omega_n t}\sin(\omega_d t + \theta)$$

式中，$\omega_d = \omega_n\sqrt{1-\xi^2}$ 称为系统的有阻尼自振频率；$\theta = \arccos\xi$ 称为阻尼角。

由结果可以看出，在 $0 < \xi < 1$ 的情况下，二阶系统的动态响应的暂态分量为一按指数衰减的简谐振动时间函数。以 ξ 为参变量的二阶系统的动态响应绘于图 2-28 中。

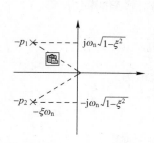
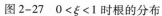

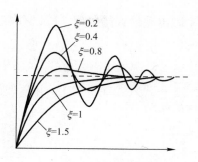

图 2-27 $0 < \xi < 1$ 时根的分布　　　图 2-28　单位阶跃响应

2. 二阶系统动态性能指标理论推导

（1）上升时间 t_r

在动态过程中，系统的输出第一次达到稳态值的时间称为上升时间 t_r。根据这一定义，在式（2-15）中，令 $t = t_r$ 时，$x_c(t) = 1$，得

$$1 - \frac{1}{\sqrt{1-\xi^2}} e^{-\xi\omega_n t} \sin(\omega_d t + \theta) = 1, \quad t \geqslant 0 \tag{2-16}$$

$$\frac{e^{-\xi\omega_n t_r}}{\sqrt{1-\xi^2}} \sin(\omega_d t_r + \theta) = 0 \tag{2-17}$$

但是，在 $t < \infty$ 期间，也就是没有达到最后的稳定以前，$\dfrac{e^{-\xi\omega_n t_r}}{\sqrt{1-\xi^2}} > 0$，所以为满足式（2-16），只能使 $\sin(\omega_d t_r + \theta) = 0$。由此得

$$\omega_d t_r + \theta = \pi$$

$$t_r = \frac{\pi - \theta}{\omega_d} = \frac{\pi - \theta}{\omega_n \sqrt{1-\xi^2}} \tag{2-18}$$

由式（2-18）可以看出 ξ 和 ω_n 对上升时间的影响。当 ω_n 一定时，阻尼比 ξ 越大，则上升时间 t_r 越长；当 ξ 一定时，ω_n 越大，则 t_r 越短。

（2）最大超调量 $\sigma\%$

最大超调量发生在第一周期中 $t = t_m$ 时刻。根据求极值的方法，由式（2-15），可求出

$$\left. \frac{dx_c(t)}{dt} \right|_{t=t_m} = 0$$

得

$$\frac{\sin(\omega_d t_m + \theta)}{\cos(\omega_d t_m + \theta)} = \frac{\sqrt{1-\xi^2}}{\xi}$$

$$\tan(\omega_d t_m + \theta) = \frac{\sqrt{1-\xi^2}}{\xi}$$

因此

$$\omega_d t_m + \theta = n\pi + \arctan \frac{\sqrt{1-\xi^2}}{\xi} = n\pi + \theta$$

即

$$\omega_d t_m = n\pi$$

因为在 $n = 1$ 时出现最大超调量,所以有 $\omega_d t_m = \pi$。峰值时间为

$$t_m = \frac{\pi}{\omega_d} = \frac{\pi}{\sqrt{1 - \xi^2}\,\omega_n} \tag{2-19}$$

将 $t_m = \dfrac{\pi}{\sqrt{1 - \xi^2}\,\omega_n}$ 代入式(2-15),并整理得最大值为

$$x_{cm} = 1 - \frac{e^{\dfrac{-\xi\pi}{\sqrt{1-\xi^2}}}}{\sqrt{1-\xi^2}}\sin(\pi + \theta)$$

因为

$$\sin(\pi + \theta) = -\sin\theta = -\sqrt{1 - \xi^2}$$

所以

$$x_{cm} = 1 + e^{\dfrac{-\xi\pi}{\sqrt{1-\xi^2}}} \tag{2-20}$$

根据超调量的定义

$$\sigma\% = \frac{x_{cm} - x_c(\infty)}{x_c(\infty)} \times 100\%$$

在单位阶跃输入下,稳定值 $x_c(\infty) = 1$,因此得最大超调量为

$$\sigma\% = e^{-\frac{\xi\pi}{\sqrt{1-\xi^2}}} \times 100\% \tag{2-21}$$

从式(2-21)可知,二阶系统的最大超调量与 ξ 值有密切的关系,阻尼比 ξ 越小,超调量越大。

(3)调节时间 t_s

调节时间 t_s 是 $x_c(t)$ 与稳态值 $x_c(\infty)$ 之间的偏差达到允许范围(一般取稳态值的 $\pm 2\%$ ~ $\pm 5\%$)而不再超出的动态过程时间。在动态过程中的偏差为 $\Delta x = x_c(\infty) - x_c(t) = \dfrac{e^{-\xi\omega_n t}}{\sqrt{1-\xi^2}}\sin(\sqrt{1-\xi^2}\,\omega_n t + \theta)$

当 $\Delta x = 0.05$ 或 0.02 时,得

$$\frac{e^{-\xi\omega_n t_s}}{\sqrt{1-\xi^2}}\sin(\sqrt{1-\xi^2}\,\omega_n t_s + \theta) = 0.05 \ (\text{或} \ 0.02) \tag{2-22}$$

由式(2-22)可以看出,在 $0 \sim t_s$ 时间范围内,满足上述条件的 t_s 值有多个,其中最大的值就是调节时间 t_s。由于正弦函数的存在,t_s 值与阻尼比 ξ 间的函数关系是不连续的。为简单起见,可以采用近似的计算方法,忽略正弦函数的影响,认为指数项衰减到 0.05 或 0.02 时,过渡过程即进行完毕。这样得到

$$\frac{e^{-\xi\omega_n t_s}}{\sqrt{1-\xi^2}} = 0.05 \ (\text{或} \ 0.02)$$

由此求得调节时间为

$$t_s(5\%) = \frac{1}{\xi\omega_n}\left[3 - \frac{1}{2}\ln(1 - \xi^2)\right] \approx \frac{3}{\xi\omega_n}, \ 0 < \xi < 0.9 \tag{2-23}$$

$$t_s(2\%) = \frac{1}{\xi\omega_n}\left[4 - \frac{1}{2}\ln(1 - \xi^2)\right] \approx \frac{4}{\xi\omega_n}, \ 0 < \xi < 0.9 \tag{2-24}$$

（4）振荡次数 μ

振荡次数是指在调节时间 t_s 内，$x_c(t)$ 波动的次数。根据这一定义可得振荡次数为

$$\mu = \frac{t_s}{t_f} \qquad\qquad (2-25)$$

式中　t_f——阻尼振荡的周期时间，$t_f = \dfrac{2\pi}{\omega_d} = \dfrac{2\pi}{\omega_n \sqrt{1-\xi^2}}$。

3. 附加极点对二阶系统的影响

原函数为

$$W_b(s) = \frac{X_c(s)}{X_r(s)} = \frac{\omega_n^2}{(s^2 + 2\xi\omega_n s + \omega_n^2)}$$

现在附加极点后，系统的传递函数变为

$$W_b(s) = \frac{X_c(s)}{X_r(s)} = \frac{\omega_n^2}{(s^2 + 2\xi\omega_n s + \omega_n^2)}$$

式中　$s_3 = -p_3 = -R_3$——负实数极点；

$s_{1,2} = -(\xi \pm j\sqrt{1-\xi^2})\omega_n = -p_{1,2}$——共轭复数极点。

极点分布图如图 2-29 所示。

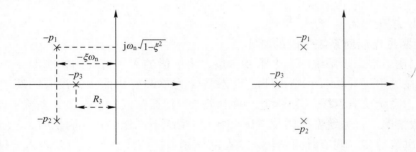

图 2-29　极点分布图

设　$x_r(t) = 1$，即　$X_r(s) = 1/s$。

则：

$$X_c(s) = X_r(s) W_b(s) = \frac{\omega_n^2 R_3}{s(s^2 + 2\xi\omega_n s + \omega_n^2)(s + R_3)}$$

$$= \frac{A_0}{s} + \frac{A_1 s + A_2}{s^2 + 2\xi\omega_n s + \omega_n^2} + \frac{A_3}{s + R_3}$$

设初始条件为零，对上式两边取拉式反变换，得

$$x_c(t) = 1 - \frac{e^{-\beta\xi\omega_n t}}{\xi^2\beta(\beta-2)+1} - \frac{\xi\beta e^{-\xi\omega_n t}}{\sqrt{1-\xi^2}\sqrt{\xi^2\beta(\beta-2)+1}}\sin(\sqrt{1-\xi^2}\,\omega_n t + \theta)$$

式中　$\theta = \arctan\dfrac{\xi(\beta-2)\sqrt{1-\xi^2}}{\xi^2(\beta-2)+1}$；

$\beta = \dfrac{R_3}{\xi\omega_n}$——负实数极点与共轭复数极点实部之比。

二阶系统加极点（三阶系统）的阶跃响应由一部分稳态分量和两部分暂态分量组成：

（1）稳态量 1

（2）暂态量：单指数项（由 R_3 决定）和二阶系统暂态分量（由 $-p_1$、$-p_2$ 决定）

影响暂态特性的因素有两个：

1）$\beta = \dfrac{R3}{\xi \omega_n}$。

$\beta \gg 1$：实极点离虚轴远，特性由 $-p_1$、$-p_2$ 决定，系统呈现二阶系统的特性，衰减振荡。

$\beta \ll 1$：实极点离虚轴近，特性由 $-p_3$ 决定，系统呈现一阶系统的特性，单调递增。

2）ξ、ω_n 对系统的影响同二阶系统。

如图 2-30 为 $\xi = 0.5$、以 β 为参变量时的系统单位阶跃响应特性。

具有负实极点的三阶系统，其暂态特性的振荡性减弱，上升时间和调节时间增长，即超调量减小，系统的惯性增加了。

闭环负实极点的作用是使系统振荡减弱，过渡过程减慢。

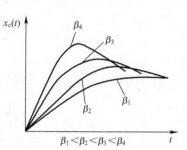

图 2-30　系统单位阶跃响应特性

（三）方法和经验

1. 改变阻尼比后对系统性能的影响

1）阻尼比 ξ 是二阶系统的一个重要参量，由 ξ 值的大小可以间接判断一个二阶系统的动态品质。在过阻尼（$\xi > 1$）情况下，动态特性为单调变化曲线，没有超调和振荡，但调节时间较长，系统反应迟缓。当 $\xi \leq 0$，输出量做等幅振荡或发散振荡，系统不能稳定工作。

2）一般情况下，系统在欠阻尼（$0 < \xi < 1$）情况下工作。在欠阻尼时，ξ 越小，超调量越大，振荡次数越多，调节时间越长，动态品质越差。应注意到，最大超调量只和阻尼比这一特征参数有关。因此，通常可以根据允许的超调量来选择阻尼比 ξ。

3）调节时间与系统阻尼比和自然振荡角频率这两个特征参数的乘积成反比。在阻尼比 ξ 一定时，可以通过改变自然振荡角频率 ω_n 来改变动态响应的持续时间。ω_n 越大，系统的调节时间越短。

4）为了限制超调量，并使调节时间较短，阻尼比一般应在 0.4～0.8 之间，这时阶跃响应的超调量将在 1.5%～25% 之间。

2. 二阶系统的闭环极点同单位阶跃响应之间的关系

二阶系统的特征方程为

$$D(s) = s^2 + 2\xi \omega_n s + \omega_n^2 = 0 \qquad (2\text{-}26)$$

其两个特征根（闭环极点）为

$$s_{1,2} = -\xi \omega_n \pm \omega_n \sqrt{\xi^2 - 1} \qquad (2\text{-}27)$$

显然，二阶系统的时间响应取决于 ξ 和 ω_n 这两个参数。特别是随着阻尼比 ξ 取值的不同，二阶系统的特征根具有不同的性质，从而系统的响应特性也不同。

1）当 $0 < \xi < 1$ 时，两个特征根为一对共轭复根 $s_{1,2} = -\xi \omega_n \pm j \omega_n \sqrt{1 - \xi^2}$，它们是位于 s 平面左半平面的共轭复数极点，如图 2-31a 所示。其单位阶跃响应曲线如图 2-32a 所示。

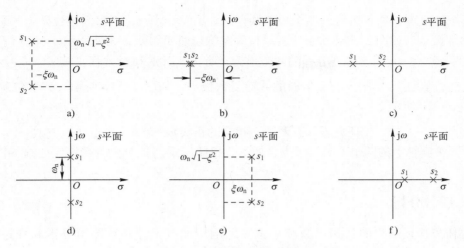

图 2-31 二阶系统的闭环极点

a) $0<\xi<1$ b) $\xi=1$ c) $\xi>1$ d) $\xi=0$ e) $-1<\xi<0$ f) $\xi<-1$

2）当 $\xi=1$ 时，特征方程具有两个相等的负实根 $s_{1,2}=-\omega_n$，它们是位于 s 平面负实轴上的相等实极点，如图 2-31b 所示。其单位阶跃响应曲线如图 2-39b 所示。

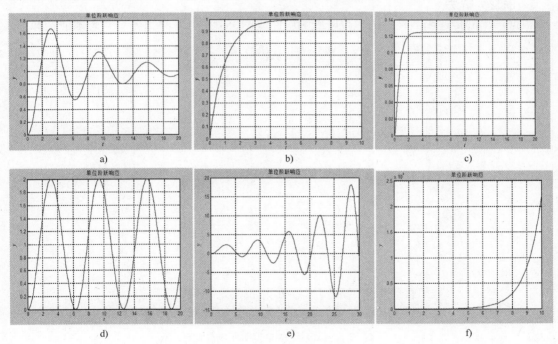

图 2-32 二阶系统在不同极点下的单位阶跃响应

a) $0<\xi<1$ b) $\xi=1$ c) $\xi>1$ d) $\xi=0$ e) $-1<\xi<0$ f) $\xi<-1$

3）当 $\xi>1$ 时，特征方程具有两个不相等的负实根 $s_{1,2}=-\xi\omega_n\pm\omega_n\sqrt{\xi^2-1}$，它们是位于 s 平面负实轴上的两个不等实极点，如图 2-31c 所示。其单位阶跃响应曲线如图 2-32c 所示。

4）当 $\xi = 0$ 时，特征方程的两个根为共轭纯虚根 $s_{1,2} = \pm j\omega_n$，它们是位于 s 平面虚轴上的一对共轭极点，如图 2-31d 所示。其单位阶跃响应曲线如图 2-32d 所示。

5）当 $-1 < \xi < 0$ 时，特征方程的两个根为具有正实部的一对共轭复根 $s_{1,2} = -\xi\omega_n \pm j\omega_n \sqrt{1-\xi^2}$，它们是位于 s 平面右半平面的共轭复数极点，如图 2-31e 所示。其单位阶跃响应曲线如图 2-32e 所示。

6）当 $\xi < -1$ 时，特征方程具有两个不相等的正实根 $s_{1,2} = -\xi\omega_n \pm \omega_n \sqrt{\xi^2-1}$，它们是位于 s 平面正实轴上的两个不等实极点，如图 2-31f 所示。其单位阶跃响应曲线如图 2-32f 所示。

四、任务分析

本次任务根据给出的传递函数和单位阶跃响应曲线，分别从图形分析和理论计算两个方面来分析二阶系统的暂态性能指标最大超调量 $\sigma\%$、上升时间 t_r、调节时间 t_s 和振荡次数 μ。

五、任务实施

1. 图形分析法

根据给出的传递函数模型的单位阶跃响应曲线图，读图计算得出各个暂态性能指标。

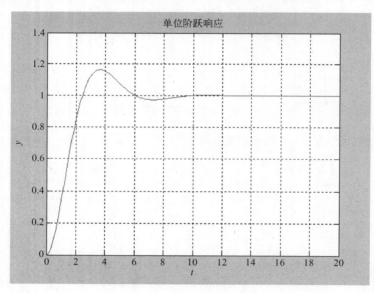

图 2-33 测试系统的单位阶跃响应曲线

由图 2-34 给出的单位阶跃响应曲线可得出：

1）峰值时间 t_p 为 1.16。

2）调节时间 t_s 为 9.65。

3）上升时间 t_r 为 2.42。

4）超调量 $\sigma\% = \dfrac{1.16-1}{1} \times 100\% = 16\%$。

由图形可知该系统是稳定的。

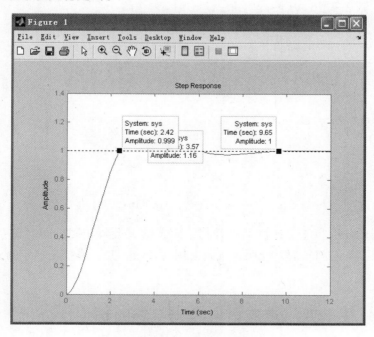

图 2-34　单位阶跃响应曲线

2. 计算分析法

根据给出的传递函数模型的单位阶跃响应理论计算得出二阶系统的暂态性能指标，分析各个性能指标之间的关系。

系统的闭环传递函数为

$$W_b = \frac{W_k(s)}{1 + W_k(s)} = \frac{1}{s^2 + s + 1}$$

与标准形式相对比，可得 $\omega_n = 1$，$\xi = 0.5$。.

根据理论计算，经过拉氏变换等求法得到二阶系统标准形式的单位阶跃响应为

$$c(t) = 1 - e^{-\xi\omega_n t}\cos\omega_d t - \frac{\xi\omega_n}{\omega_d}e^{-\xi\omega_n t}\sin\omega_d t$$

$$= 1 - e^{-\xi\omega_n t}\left(\cos\omega_d t + \frac{\xi}{\sqrt{1-\xi^2}}\sin\omega_d t\right)$$

$$= 1 - \frac{1}{\sqrt{1-\xi^2}}e^{-\xi\omega_n t}\sin(\omega_d t + \theta) \qquad t \geq 0$$

$$\theta = \arctan\frac{\sqrt{1-\xi^2}}{\xi}$$

1）将 $\omega_n = 1$，$\xi = 0.5$ 代入上式，整理得

$$x_{c1}(t) = 1 - 1.16e^{-\frac{t}{2}}\sin(0.866t + 60°)$$

2）$\delta\% = e^{-\frac{\xi\pi}{\sqrt{1-\xi^2}}} \times 100\% = e^{-1.81} \times 100\% \approx 16.4\%$

3) $t_r = \dfrac{\pi - \theta}{\omega_n \sqrt{1 - \xi^2}} = 2.42\,\text{s}$

4) $t_s(5\%) = \dfrac{3}{\xi \omega_n} = 6\,\text{s}$

$t_s(2\%) = \dfrac{4}{\xi \omega_n} = 8\,\text{s}$

5) $t_m = \dfrac{\pi}{\omega_d} = \dfrac{\pi}{\sqrt{1 - \xi^2}\,\omega_n} = 3.63\,\text{s}$

$$t_f = \dfrac{2\pi}{\sqrt{1 - \xi^2}\,\omega_n} = \dfrac{2\pi}{\omega_d} = 7.26\,\text{s}$$

$$\mu = \dfrac{t_s(5\%)}{t_f} = \dfrac{6}{7.26} = 0.826(5\%)$$

结论：由图形分析和理论计算可以看到，两者结果大致相同，同时该系统的超调量较好，调节时间及上升时间较短，说明系统调节用时较短，并且系统是稳定的，可以投入实际使用。

任务四　直流电机控制系统的稳定性分析

一、任务目标

认知目标：
1. 了解通过求取传递函数的闭环极点判定系统稳定性的方法；
2. 了解应用劳斯判据判定系统稳定性的方法。

能力目标：
1. 能够从图形曲线上分析系统的稳定性；
2. 能够应用劳斯判据从数学角度判定系统的稳定性。

二、任务描述

已知直流电机系统数学模型为 $W(s) = \dfrac{1}{s^2 + s + 1}$，请进行稳定性分析，并验证计算结果。如果经过计算和验证得出该电机对象是稳定的，判断该系统距离稳定边界有多大的裕量。

三、相关知识点

（一）基本概念

1. 控制系统稳定的充分必要条件

控制系统稳定的充分必要条件为：系统特征方程的根全部具有负实部。系统特征方程的根就是闭环极点，所以控制系统稳定的充分必要条件也可以表示为：闭环传递函数的极点全部具有负实部，或者说闭环传递函数的极点全部位于 s 平面的左半面内。

2. 劳斯判据

首先列出系统的特征方程。

设系统的闭环特征方程式为如下标准形式：

$$D(s) = a_0 s^n + a_1 s^{n-1} + \cdots + a_{n-1}s + a_n = 0$$

劳斯稳定判据

$$
\begin{array}{cccc}
s^n & a_0 & a_2 & a_4 & \cdots \\
s^{n-1} & a_1 & a_3 & a_5 & \cdots \\
s^{n-2} & b_1 & b_2 & b_3 & \cdots \\
s^{n-3} & c_1 & c_2 & c_3 & \cdots \\
\vdots & \vdots & \vdots & \vdots & \cdots \\
s^1 & f_1 & & & \cdots \\
s^0 & g_1 & & & \cdots
\end{array}
$$

$$b_1 = -\frac{1}{a_1}\begin{vmatrix} a_0 & a_2 \\ a_1 & a_3 \end{vmatrix} \quad b_2 = -\frac{1}{a_1}\begin{vmatrix} a_0 & a_4 \\ a_1 & a_5 \end{vmatrix} \quad b_3 = -\frac{1}{a_1}\begin{vmatrix} a_0 & a_6 \\ a_1 & a_7 \end{vmatrix} \quad \cdots$$

直至其余 b_i 项均为零。

$$c_1 = -\frac{1}{b_1}\begin{vmatrix} a_1 & a_3 \\ b_1 & b_2 \end{vmatrix} \quad c_2 = -\frac{1}{b_1}\begin{vmatrix} a_1 & a_5 \\ b_1 & b_3 \end{vmatrix} \quad c_3 = -\frac{1}{b_1}\begin{vmatrix} a_1 & a_7 \\ b_1 & b_4 \end{vmatrix} \cdots$$

$$g_1 = a_n$$

按此规律一直计算到 $n-1$ 行为止。

结论：考察阵列表第一列系数的符号。假若劳斯阵列表中第一列系数均为正数，则该系统是稳定的；假若第一列系数有负数，则系统不稳定，并且第一列系数符号的改变次数等于在右半平面上根的个数。

二阶系统稳定的充要条件：

$$a_0 > 0 \quad a_1 > 0 \quad a_2 > 0$$

三阶系统稳定的充要条件：

$$a_0 > 0 \quad a_1 > 0 \quad a_2 > 0 \quad a_3 > 0$$

$$a_1 a_2 > a_0 a_3$$

例：系统特征方程为

$$D(s) = s^4 + 6s^3 + 12s^2 + 11s + 6 = 0$$

试用劳斯判据判别系统的稳定性。

解：（1）特征方程的所有系数均为正实数

（2）列写劳斯阵列表如下：

$$
\begin{array}{clll}
s^4 & 1 & 12 & 6 \\
s^3 & 6 & 11 & \\
s^2 & 61/6 & 6 & \\
s^1 & 455/61 & & \\
s^0 & 6 & &
\end{array}
$$

第一列的系数都为正数，系统稳定。

3. 相对稳定性和稳定裕量

稳定裕量：系统相对于临界稳定状态的裕量。

稳定裕量的衡量：用系统最右边特征根距离虚轴的距离 σ 的大小来衡量。

判定方法：如图 2-35 所示，设系统具有 σ_1 大的裕量，以 $s = z - \sigma_1$ 代入原特征方程，确定在 z 平面的新特征方程，然后判定新系统的稳定性。若系统稳定或临界稳定，则有 σ_1 的裕量，否则，原系统不具备 σ_1 的裕量。

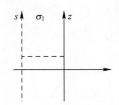

图 2-35　稳定裕量的判定

（二）理论推导

控制系统稳定的充要条件

高阶系统的闭环传递函数可以表示为

$$\frac{X_c(s)}{X_r(s)} = W_b(s) = \frac{b_0 s^m + b_1 s^{m-1} + \cdots + b_{m-1} s + b_m}{a_0 s^n + a_1 s^{n-1} + \cdots + a_{n-1} + a_n} \tag{2-28}$$

将分子和分母分解成因式，上面的公式（2-28）可以写为

$$\frac{X_c(s)}{X_r(s)} = W_b(s) = \frac{K(s + z_1)(s + z_2)\cdots(s + z_m)}{(s + p_1)(s + p_2)\cdots(s + p_n)} \tag{2-29}$$

式中　$-z_1, -z_2, \cdots, -z_m$——系统闭环传递函数的零点，又称为系统的零点；

$-p_1, -p_2, \cdots -p_n$——系统闭环传递函数的极点，又称为系统的极点。

如果说这个系统是稳定的，那么全部的极点和零点都互不相同，极点中包含有共轭复数极点，当输入为单位阶跃函数时，输出量的拉氏变换为

$$X_c(s) = \frac{K\prod_{i=1}^{m}(s + z_i)}{s\prod_{j=1}^{q}(s + p_j)\prod_{k=1}^{r}(s^2 + 2\xi\omega_{nk}s + \omega_{nk}^2)} \tag{2-30}$$

其中：

$$n = q + 2r$$

式中　q——实数极点的个数；

r——共轭复数极点的对数。

用部分分式展开得到：

$$X_c(s) = \frac{A_0}{s} + \sum_{j=1}^{q}\frac{A_j}{s + p_j} + \sum_{k=1}^{r}\frac{B_k s + C_k}{s^2 + 2\xi_k\omega_{nk}s + \omega_{nk}^2} \tag{2-31}$$

那么单位阶跃响应为

$$x_c(t) = A_0 + \sum_{j=1}^{q}A_j e^{-p_j t} + \sum_{k=1}^{r}B_k e^{-\xi_k\omega_{nk}t}\cos\sqrt{1 - \xi_k^2}\,\omega_{nk}t +$$

$$\sum_{k=1}^{r}\frac{C_k - \xi_k\omega_{nk}B_k}{\sqrt{1 - \xi_k^2}\,\omega_{nk}}e^{-\xi_k\omega_{nk}t}\sin\sqrt{1 - \xi_k^2}\,\omega_{nk}t \tag{2-32}$$

以上这些都放到理论推导里面，只留充要条件作为基本概念。

由上述式（2-32）可以看出，高阶系统动态响应是由一阶系统动态响应和二阶系统动态响应组合而成的，各个暂态的分量是由其系数 A_k、B_k、C_k 和其指数衰减常数 p_j、$\xi_k\omega_{nk}$ 决

定的。如果所有的闭环极点全部都分布在 s 平面的左侧，所有极点都有负实部，随着时间的增加，式子中的指数项全部都趋近于 0，则该高阶系统是稳定的。

（三）方法和经验

1. 劳斯列表在应用时可能遇到的特殊情况

（1）劳斯表中第一列出现零

处理方法：用一个很小的正数 ε 代替为零项，然后继续计算其余各项；最后根据 $\varepsilon \to 0$ 时第一列极限值的符号是否改变，来判定系统的稳定性。

例：系统特征方程为：$s^4 + 2s^3 + s^2 + 2s + 1 = 0$，判定系统的稳定性。

解：初步鉴别：满足要求

建立劳斯行列表：

$$
\begin{array}{llll}
s^4 & 1 & 1 & 1 \\
s^3 & 2 & 2 & \\
s^2 & \varepsilon(0) & 1 & \\
s^1 & 2 - 2/\varepsilon & & \\
s^0 & 1 & &
\end{array}
$$

（2）劳斯表的某一行中，所有元素都等于零

处理方法：用全零行的上一行构成辅助方程式，对其求导，求导后各项系数代替全零行的各项，然后继续写劳斯列表并判定稳定性。

例：系统特征方程为：

$$s^6 + 2s^5 + 8s^4 + 12s^3 + 20s^2 + 16s + 16 = 0$$

试判定系统的稳定性。

解：初步鉴别：满足要求

$$
\begin{array}{lllll}
s^6 & 1 & 8 & 20 & 16 & \quad\text{辅助方程} \\
\\
s^5 & 2 & 12 & 16 & 0 & \quad s^4 + 6s^2 + 8 \\
s^4 & 2 & 12 & 16 & & \quad 4s^3 + 12s \\
s^3 & 0 & 0 & 0 & & \quad\text{全零行} \\
s^3 & 4 & 12 & & & \\
s^2 & 3 & 8 & & & \\
s^1 & 4/3 & & & & \quad\text{存在对称于原点的对根} \\
s^0 & 8 & & & &
\end{array}
$$

求对根：

由辅助方程 $s^4 + 6s^2 + 8 = 0$ $\qquad\qquad (s^2 + 4)(s^2 + 2) = 0$

$$s_{1,2} = \pm 2\mathrm{j} \qquad\qquad s_{3,4} = \pm\sqrt{2}\mathrm{j}$$

2. 劳斯判据判断系统稳定性的应用

1）特征方程为：$s^3 + 2s^2 + s + 2 = 0$，判定系统稳定性。

解：初步鉴别：满足要求

建立劳斯行列表：

$$
\begin{array}{ll}
s^3 & 1 \quad\quad 1 \\
s^2 & 2 \quad\quad 2 \\
s^1 & \varepsilon(0) \\
s^0 & 2
\end{array}
$$

特征方程式分解为：$(s^2+1)(s+2)=0$，特征根为：$-p_{1,2}=\pm j$，$-p_3=-2$

劳斯表中第一列出现零时，系统一定是不稳定的。

当 $\varepsilon \rightarrow 0$ 时，第一列不变号，系统无右半平面特征根，但有虚轴上的根（纯虚根），系统不稳定。

2）系统特征方程为：$s^3+5s^2+8s+6=0$，试判定系统稳定性，并检查其稳定裕量是否为 $\sigma_1=1$。

解：劳斯行列表如下：

$$
\begin{array}{ll}
s^3 & 1 \quad\quad 8 \\
s^2 & 5 \quad\quad 6 \\
s^1 & 34/5 \\
s^0 & 6
\end{array}
$$

原系统稳定

以 $s=z-\sigma_1=z-1$ 代入

原特征方程：

$z^3+2z^2+z+2=0$

劳斯行列表如下：

$$
\begin{array}{ll}
z^3 & 1 \quad\quad 1 \\
z^2 & 2 \quad\quad 2 \\
z^1 & \varepsilon(0) \\
z^1 & 2
\end{array}
$$

第一列出现零元素，且当 $\varepsilon \rightarrow 0$ 时，上下不变号，则正好存在虚轴上的根（z 平面），或者在（s 平面）$s=-1$ 上刚好有根。系统正好具备 $\sigma_1=1$ 的裕量

四、任务分析

对于以上给定的数学模型，可以采用劳斯判据和判断闭环极点分布的方法分别进行分析和运算，对于验证部分，可以对系统的数学模型加上单位阶跃输入看其响应情况。对于计算其稳定边界部分，可以按照稳定裕量的计算办法进行计算。

五、任务实施

1. 理论法验证劳斯判据

上述数学模型为 $W(s)=\dfrac{1}{s^2+s+1}$，它对应的特征方程为 $s^2+s+1=0$，现在列出它的劳斯列表：

$$
\begin{array}{ll}
s^2 & 1 \\
s^1 & 1 \\
s^0 & 1
\end{array}
$$

由劳斯列表的第一列系数可以看出，符号并没有改变，根据劳斯判据的结论，可以判定该系统是稳定的。

2. 求取传递函数的闭环极点的方法

首先求取传递函数的闭环极点，根据特征方程可以求出闭环极点 $S_1, S_2 = -0.5 \pm 0.866j$，

可以看出，系统的闭环极点是负实数，作为暂态分量的算子，由于是负的，所以暂态分量一直衰减，这样系统才能稳定下来，由此看来，该系统是稳定的。下面应用仿真软件来画图看系统的闭环极点分布情况。如图2-36所示，闭环极点分布在复平面左侧，所以该系统是稳定的。

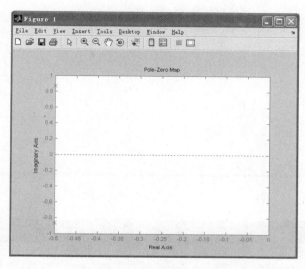

图2-36 已知系统极点分布图

用MATLAB绘制极点分布图，在命令窗口添加指令：

```
>> num = [1];                    % 已知函数的分子系数
>> den = [1 1 1];                % 已知函数的分母系数
>> sys = tf(num,den);            % 将已知函数转换为数学模型
>> pzmap(sys);                   % 绘制已知系统的极点分布图
```

3. 由单位阶跃响应验证系统的稳定性

通过对系统加上单位阶跃输入看系统的响应，从输出曲线上看系统的输出曲线是否收敛，来验证系统的稳定性。

首先打开MATLAB软件，打开Simulink，在Simulink中输入如图2-37所示的框图。

当加上单位阶跃输入时得到的输出的响应曲线如图2-38所示，由仿真曲线可以看出，随着时间的推移，到8 s的时候，系统的输出已经不再变化，而是呈现一个稳定的状态，把这种状态叫作稳态，反之，如果系统的输出随着时间的推移不是稳定在某个值附近而是发散的，那么把那样的状态叫作不稳定的状态。由图形上可以看出该控制系统是稳定的。

4. 求取该系统的稳定裕度

根据特征方程可以求出闭环极点为$S_1, S_2 = -0.5 \pm 0.866j$，这说明，如果把负实部向右平移0.5的话，系统就达到了稳定的边界，也就是说，该系统具有0.5的稳定裕度。

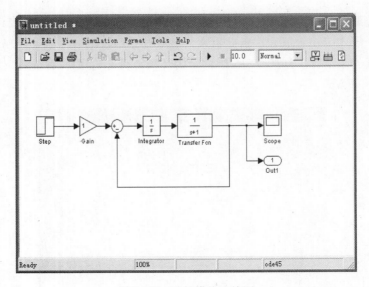

图 2-37　选择模块连接图

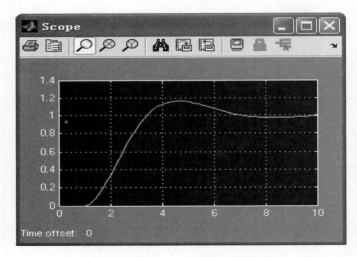

图 2-38　阶跃输入仿真曲线图

任务五　改进性能的电机调速系统控制精度分析

一、任务目标

认知目标：

1. 了解稳态误差的概念；
2. 掌握稳态误差的求法；
3. 了解减小稳态误差的方法。

能力目标：

1. 能够根据给定参数的系统求取系统的稳态误差；

2. 能够掌握提高二阶系统控制精度的方法。

二、任务描述

在电机调速系统中，为了改善系统的性能，将图 2-39 所示的系统进行了调整，调整完的系统模拟结构图如图 2-40 所示，请分析调整前后系统的结构及控制精度发生了怎样的变化。

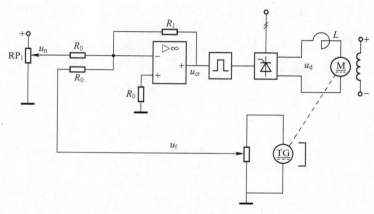

图 2-39　改善前系统

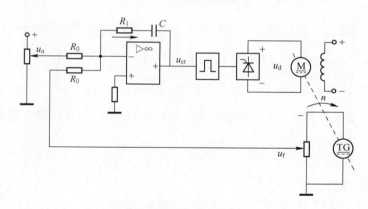

图 2-40　改善后系统

三、相关知识点

（一）基本概念

稳态误差的概念

在稳态条件下输出量的期望值与稳态值之间存在的误差，称为系统稳态误差。稳态误差的大小是衡量系统稳态性能的重要指标。其实，影响系统稳态误差的因素很多，如系统的结构、系统的参数以及输入量的形式等。这里所说的稳态误差并不考虑由于元件的不灵敏区、零点漂移、老化等原因所造成的永久性的误差。

为了分析方便，把系统的稳态误差分为扰动稳态误差和给定稳态误差。扰动稳态误差是由于外部扰动而引起的，所以常用这一误差来衡量恒值系统的稳态品质，因为对于恒值系统，给定量是不变的。给定稳态误差是由给定输入量变化引起的，对于随动系统，给定量是变化的，要求输出量以一定的精度跟随给定量的变化，因此给定稳态误差就成为衡量随动系统稳态品质的指标。

（二）理论推导

1. 扰动稳态误差的求法

图 2-41 所示为有给定作用和扰动作用的系统动态结构图。当给定值不变时，即 $\Delta X_d(s) \neq 0$，这时输出量 $x_c(t)$ 的变化量 $\Delta x_c(t)$ 即为扰动误差。扰动误差的拉式变换为

$$\Delta X_c(s) = \frac{W_2(s)\Delta X_d(s)}{1 + W_1(s)W_2(s)W_f(s)} \tag{2-33}$$

由此求出扰动误差的传递函数为

$$W_e(s) = \frac{\Delta X_c(s)}{\Delta X_d(s)} = \frac{W_2(s)}{1 + W_1(s)W_2(s)W_f(s)} \tag{2-34}$$

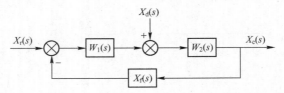

图 2-41　$X_r(s)$ 和 $X_d(s)$ 同时作用于系统

$W_e(s)$ 称为误差传递函数。根据拉式变换的终值定理，求得扰动作用下的稳态误差为

$$e_{ss} = \lim_{t \to \infty}\Delta x_c(t) = \lim_{s \to 0}sW_e(s)\Delta X_d(s) = \lim_{s \to 0}\frac{sW_2(s)X_d(s)}{W_1(s)W_2(s)W_f(s)} \tag{2-35}$$

由式（2-35）可知，系统的扰动误差决定于系统的误差传递函数和扰动量。

对于恒值系统，典型的扰动量为单位阶跃函数，$\Delta X_d(s) = \dfrac{1}{s}$，则扰动稳态误差为

$$e_{ss} = \lim_{t \to \infty}\Delta x_c(t) = \lim_{s \to 0}\frac{W_2(s)}{W_1(s)W_2(s)W_f(s)} \tag{2-36}$$

2. 给定稳态误差的求法

图 2-42 所示为控制系统的典型动态结构图。图中 $W_f(s)$ 为主反馈监测元件的传递函数，不包括为改善被控对象性能的局部反馈环节在内。系统的期望值是给定信号 $X_r(s)$。

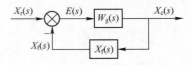

图 2-42　典型动态结构图

当给定信号 $X_r(s)$ 与主反馈信号 $W_f(s)$ 不相等时，一般定义其差值 $E(s)$ 为误差信号。这时，误差定义为

$$E(s) = X_r(s) - X_f(s) = X_r(s) - W_f(s)X_c(s)$$

这个误差是可以测量的，但是这个误差并不一定反映输出量的实际值与期望值之间的偏差。

根据这种定义方法，可得误差传递函数为

$$W_e(s) = \frac{E(s)}{X_r(s)} = 1 - \frac{X_f(s)}{X_r(s)} = \frac{1}{1 + W_g(s)W_f(s)} = \frac{1}{1 + W_k(s)}$$

式中，$W_k(s) = W_g(s)W_f(s)$。

由此得误差的拉式变换为

$$E(s) = \frac{X_{\mathrm{r}}(s)}{1 + W_{\mathrm{k}}(s)} \qquad (2-37)$$

给定稳态误差为

$$e_{\mathrm{ss}} = \lim_{t \to \infty} e(t) = \lim_{s \to 0} \frac{s X_{\mathrm{r}}(s)}{1 + W_{\mathrm{k}}(s)} \qquad (2-38)$$

（三）方法和经验

1. 典型输入情况下系统的给定稳态误差分析

由以上分析可知，由两个因素决定给定稳态误差，即系统的开环传递函数 $W_{\mathrm{k}}(s)$ 和给定量 $X_{\mathrm{r}}(s)$。

根据开环传递函数中串联的积分环节个数，可将系统分为几种不同类型。单位反馈系统的开环传递函数可以表示为

$$W_{\mathrm{k}}(s) = \frac{K_{\mathrm{k}} \prod\limits_{i=1}^{m} (T_i s + 1)}{s^N \prod\limits_{j=1}^{n-N} (T_j s + 1)} \qquad (2-39)$$

式中　N——开环传递函数中串联的积分环节的阶次，或称系统的无差阶数；

$\dfrac{1}{s^N}$——N 个串联积分环节的等效传递函数。

$N = 0$ 时的系统称为 0 型系统；$N = 1$ 时的系统称为 I 型系统；相应地，$N = 2$ 时，称为 II 型系统。N 越高，系统的稳态精度越高，但系统的稳定性越差，一般采用的是 0 型、I 型和 II 型系统。

下面介绍几种典型输入情况下系统的给定稳态误差。

（1）单位阶跃函数输入

设 $r(t) = R_0 \cdot l(t)$，其中，$R_0 = $ 常量为阶跃输入函数的幅值，则 $R(s) = R_0/s$，由式（2-38）求得系统的稳态误差为

$$e_{\mathrm{ss}} = \frac{R_0}{1 + \lim\limits_{s \to 0} G(s) H(s)} = \frac{R_0}{1 + G(0) H(0)} \qquad (2-40)$$

定义系统的静态位置误差系数为

$$K_{\mathrm{s}} = \lim_{s \to 0} G(s) H(s) = G(0) H(0) \qquad (2-41)$$

则用静态位置误差系数 K_{p} 表示的稳态误差为

$$e_{\mathrm{ss}} = \frac{R_0}{1 + K_{\mathrm{p}}} \qquad (2-42)$$

对于 0 型系统

$$K_{\mathrm{p}} = \lim_{s \to 0} \frac{K(\tau_1 s + 1)(\tau_2 s + 1) \cdots (\tau_m s + 1)}{(T_1 s + 1)(T_2 s + 1) \cdots (T_n s + 1)} = K$$

对于 I 型或高于 I 型的系统

$$K_{\mathrm{p}} = \lim_{s \to 0} \frac{K(\tau_1 s + 1)(\tau_2 s + 1) \cdots (\tau_m s + 1)}{s^N (T_1 s + 1)(T_2 s + 1) \cdots (T_{n-N} s + 1)} = \infty \qquad (N \geqslant 1)$$

因此，对于阶跃输入信号，可概括如下：

0 型系统 $\qquad K_p = K \quad e_{ss} = \dfrac{R_0}{1 + K_p} = 常数$

I 型系统 $\qquad\qquad\qquad K_p = \infty \quad e_{ss} = 0$

II 型及以上系统 $\qquad\qquad K_p = \infty \quad e_{ss} = 0$

上述分析结果表明，如果系统开环传递函数中没有积分环节，那么它对阶跃输入的响应包含稳态误差，其大小与阶跃输入的幅值 R_0 成正比，与系统的开环增益 K 近似地成反比。如果要求系统对阶跃输入的稳态误差为零，则系统必须是 I 型或高于 I 型。

（2）单位斜坡函数输入

设 $r(t) = R/t^2$，则 $R(s) = \dfrac{R}{s^2}$，系统的稳态误差由下式给出：

$$e_{ss} = \lim_{s \to 0} \frac{s}{1 + G(s)H(s)} \frac{R}{s^2}$$

$$= \lim_{s \to 0} \frac{R}{sG(s)H(s)} \tag{2-43}$$

静态速度误差系数 K_v 的定义为

$$K_v = \lim_{s \to 0} sG(s)H(s) \tag{2-44}$$

于是，用静态速度误差系数 K_v 表示的稳态误差为

$$e_{ss} = \frac{R}{K_v} \tag{2-45}$$

速度误差并不是速度上的误差，而是由于斜坡输入而造成的在位置上的误差。所以速度误差这个术语是用来表示对斜坡输入的误差，其量纲和系统误差的量纲一样。

对于 0 型系统

$$K_v = \lim_{s \to 0} \frac{sK(\tau_1 s + 1)(\tau_2 s + 1)\cdots(\tau_m s + 1)}{(T_1 s + 1)(T_2 s + 1)\cdots(T_n s + 1)}$$

对于 I 型系统

$$K_v = \lim_{s \to 0} \frac{sK(\tau_1 s + 1)(\tau_2 s + 1)\cdots(\tau_m s + 1)}{s(T_1 s + 1)(T_2 s + 1)\cdots(T_{n-1} s + 1)}$$

对于 II 型或高于 II 型的系统

$$K_v = \lim_{s \to 0} \frac{sK(\tau_1 s + 1)(\tau_2 s + 1)\cdots(\tau_m s + 1)}{s(T_1 s + 1)(T_2 s + 1)\cdots(T_{n-N} s + 1)} = \infty \qquad (v \geq 2)$$

因此，对于斜坡输入信号有

0 型系统 $\qquad\qquad\qquad K_v = 0 \quad e_{ss} = \infty$

I 型系统 $\qquad\qquad\qquad K_v = K \quad e_{ss} = \dfrac{R}{K}$

II 型及以上系统 $\qquad\qquad K_v = \infty \quad e_{ss} = 0$

由以上分析可以看出，由于 0 型系统输出信号的速度总是小于输入信号的速度，致使两者间的差距不断增大，从而导致 0 型系统的输出不能跟踪斜坡输入信号。I 型系统能跟踪斜坡输入信号，但有稳态误差存在。在稳态工作时，系统的输出信号的速度与输入信号的速度相等，但存在一个位置误差。此误差正比于输入量的变化率，且反比于系统的开环增益。

图 2-43 为 I 型单位反馈系统跟踪斜坡输入信号的响应曲线。II 型系统或高于 II 型的系统因在稳态下的误差等于零，故能准确地跟踪斜坡输入。即在稳态时系统的输出量与输入信号不仅速度相等，而且它们的位置也相同。

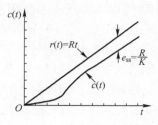

图 2-43　I 型系统对斜坡输入的响应

（3）抛物线输入

若令 $r(t) = \dfrac{1}{2}Rt^2$，$R = $ 常数，则 $r(t)$ 的拉氏变换为 $R(s) = R/s^3$。所以系统的稳态误差为

$$e_{ss} = \lim_{s \to 0} \frac{s}{1 + G(s)H(s)} \frac{R}{s^3}$$

$$= \lim_{s \to 0} \frac{R}{s^2 G(s)H(s)} \qquad (2-46)$$

定义

$$K_a = \lim_{s \to 0} s^2 G(s)H(s) \qquad (2-47)$$

为系统的静态加速度误差系数。则用静态加速度误差系数 K_a 表示的稳态误差为

$$e_{ss} = \frac{R}{K_a} \qquad (2-48)$$

注意：与速度误差一样，加速度误差（抛物线输入所引起的稳态误差）是指位置上的误差。

利用式（2-47），可得 K_a 的计算式为

对于 0 型系统

$$K_a = \lim_{s \to 0} \frac{K(\tau_1 s + 1)(\tau_2 s + 1)\cdots(\tau_m s + 1)}{(T_1 s + 1)(T_2 s + 1)\cdots(T_n s + 1)} = 0$$

对于 I 型系统

$$K_a = \lim_{s \to 0} \frac{K(\tau_1 s + 1)(\tau_2 s + 1)\cdots(\tau_m s + 1)}{(T_1 s + 1)(T_2 s + 1)\cdots(T_{n-1} s + 1)} = 0$$

对于 II 型系统

$$K_a = \lim_{s \to 0} \frac{K(\tau_1 s + 1)(\tau_2 s + 1)\cdots(\tau_m s + 1)}{(T_1 s + 1)(T_2 s + 1)\cdots(T_{n-2} s + 1)} = K$$

对于 III 型或高于 III 型的系统

$$K_a = \lim_{s \to 0} \frac{K(\tau_1 s + 1)(\tau_2 s + 1)\cdots(\tau_m s + 1)}{(T_1 s + 1)(T_2 s + 1)\cdots(T_{n-v} s + 1)} = \infty \qquad (v \geqslant 3)$$

于是，对于抛物线输入信号的稳态误差有

0 型和 I 型系统　　　　　　$K_a = 0$　$e_{ss} = \infty$

II 型系统　　　　　　　　　$K_a = K$　$e_{ss} = \dfrac{R}{K}$

III 型和 III 型以上系统　　$K_a = \infty$　$e_{ss} = 0$

上述结果表明，0 型和 I 型系统在稳定状态时都不能跟踪抛物线输入信号，而 II 型系统在稳定状态时能跟踪抛物线输入信号，但有一定的稳态误差存在，如图 2-44 所示。

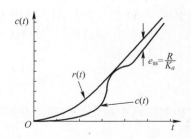

图 2-44　II 型系统对抛物线输入的响应

Ⅲ型和Ⅲ型以上的系统因在稳定状态时的误差为零而能准确地跟踪抛物线输入信号。

表2-2和表2-3分别给出了上述三种类型的静态误差系数和0型、Ⅰ型系统及Ⅱ型系统在各种典型输入信号作用下的稳态误差。由表2-3可见，在对角线上，稳态误差是一个有限值；在对角线以上，稳态误差为无穷大；在对角线以下，稳态误差为零。

位置误差、速度误差和加速度误差这些术语均指在输出位置上的偏差。有限的速度误差意味着控制系统在动态过程结束后，输入和输出以同样的速度变化，但在位置上有一个有限的偏差。

表2-2　静态误差系数与系统类型的关系

	静态位置误差系数 K_p	静态速度误差系数 K_v	静态加速度误差系数 K_a
0型系统	K	0	0
Ⅰ型系统	∞	K	0
Ⅱ型系统	∞	∞	K

静态误差系数 K_p、K_v 和 K_a 描述了控制系统消除或减小稳态误差的能力。因此它们只是系统稳态特性的一种表示方法。为改善系统的稳态性能，可以增大系统的开环增益或在控制系统的前向通路中增加一个或多个积分环节，提高系统的类型数。但这又给系统稳定性带来了问题。因此，系统的稳态性能和动态性能对系统类型和开环增益的要求是互相矛盾的，解决这一矛盾的基本方法是在系统中加入合适的校正装置。

表2-3　稳态误差与系统的类型、输入信号的关系

	阶跃输入 $r(t) = R_0$	斜坡输入 $r(t) = R_0 t$	等加速度输入 $r(t) = \frac{1}{2} R_0 t^2$
0型系统	$\dfrac{R_0}{1 + K_p}$	∞	∞
Ⅰ型系统	0	$\dfrac{R_0}{K_v}$	∞
Ⅱ型系统	0	0	$\dfrac{R_0}{K_a}$

2. 减小稳态误差的方法

为了减小系统的给定或扰动稳态误差，一般经常采用的方法是提高开环传递函数中的串联积分环节的阶次 N，或增大系统的开环放大系数 K_k。但是 N 值一般不超过2，K_k 值也不能任意增大，否则系统不稳定。为了进一步减小给定和扰动误差，可以采用补偿的方法。所谓补偿是指作用于控制对象的控制信号中，除了偏差信号外，还引入与扰动或给定量有关的补偿信号，以提高系统的控制精度，减小误差。这种控制称为复合控制或前馈控制。

在图2-45所示的控制系统中，给定量 $X_r(s)$ 通过补偿校正装置 $W_c(s)$ 对系统进行开环控制。这样，引入的补偿信号 $X_b(s)$ 与偏差信号 $E(s)$ 一起，对控制对象进行复合控制。这种系统闭环传递函数为

$$W_b = \frac{X_c(s)}{X_t(s)} = \frac{[W_1(s) + W_c(s)] W_w(s)}{1 + W_1(s) W_s(s)}$$

由此得到给定误差的拉式变换为

$$E(s) = \frac{1 - W_c(s) W_2(s)}{1 + W_1(s) W_2(s)} X_r(s)$$

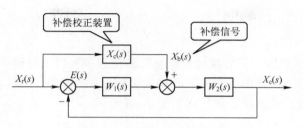

图 2-45 复合控制系统结构图之一

如果补偿校正装置的传递函数为

$$W_c(s) = \frac{1}{W_2(s)}$$

即

$$E(s) = 0$$

闭环传递函数为

$$W_b(s) = \frac{X_c(s)}{X_r(s)} = 1$$

即

$$X_c(s) = X_r(s)$$

这时，系统的给定误差为零，输出量完全再现输入量。这种将误差完全补偿的作用称为全补偿。又如在图 2-46 所示的结构图中，为了补偿外部扰动 $X_d(s)$ 对系统产生的作用，引入了扰动的补偿信号，补偿校正装置为 $W_c(s)$。此时，系统的扰动误差就是给定量为零时系统的输出量

$$X_c(s) = \frac{\left[1 - W(s)W_c(s)\right]W_2(s)}{1 + W_1(s)W_2(s)}X_d(s)$$

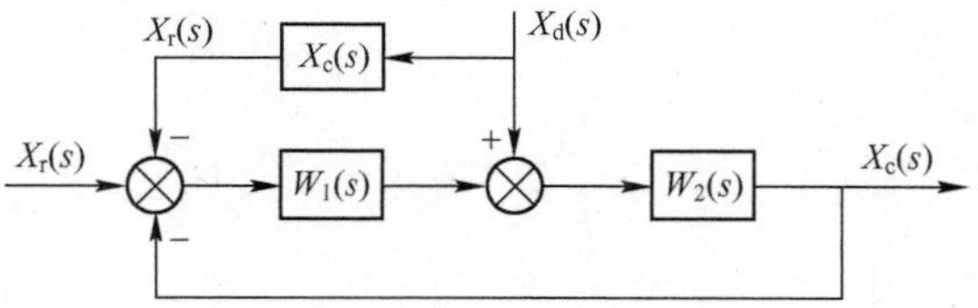

图 2-46 复合控制系统结构图

如果选取

$$W_c(s) = \frac{1}{W_1(s)}$$

或

$$1 - W_1(s)W_c(s) = 0$$

则得到

$$X_c(s) = 0$$

这种作用是对外部扰动的完全补偿。

四、任务分析

想要完成第一个任务，只需认真对比两者结构图的差异就可以分析出来。

想完成第二个任务及分析系统调整前后控制精度的区别，就需要进行具体的运算，因为稳态误差是衡量系统控制精度的具体指标，所以想完成这个任务就需要对稳态误差的构成做具体分析，并结合具体数值做计算。

五、任务实施

1. 求原系统的传递函数，为后续计算原系统的稳态误差打下基础

由原系统的模拟图，计算出各个环节的输入、输出关系，再按照信号的传递方向连接，就得到了系统的结构图。该系统的结构图如图 2-47 所示。

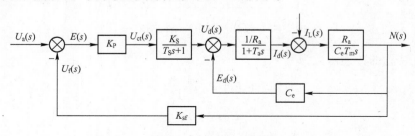

图 2-47　单闭环有静差调速系统的动态结构图

有一个反馈回路，存在稳态误差的调速系统称为单闭环有静差调速系统，其原理如图 2-39 所示。该系统由转速调节器、晶闸管整流器、直流电动机和测速发电机等组成。对应的动态结构图如图 2-47 所示。图中，系统参数的含义如下：

K_P——比例控制器系数；

K_S——晶闸管整流器与触发装置的电压放大系数；

T_S——晶闸管整流电路的延迟时间常数。

T_a——电机的电磁时间常数；

R_a——电枢电阻；

T_m——机电时间常数；

C_e——反电动势系数；

K_{sf}——速度反馈系数。

根据系统的动态结构图，可求出系统的传递函数。

前向通路传递函数

$$G(s) = \frac{K_P K_S / C_c}{(T_a T_m s^2 + T_m s + 1)(T_S s + 1)}$$

反馈通路传递函数

$$H(s) = K_{sf}$$

开环传递函数

$$G(s)H(s) = \frac{K_P K_S K_{sf} / C_e}{(T_a T_m s^2 + T_m s + 1)(T_S s + 1)}$$

若 $T_m > 4T_a$，则可对分母作因式分解，得

$$G(s)H(s) = \frac{K}{(T_1 s + 1)(T_2 s + 1)(T_S s + 1)}$$

由此可得闭环传递函数

$$\Phi(s) = \frac{N(s)}{U(s)} = \frac{K_P K_S / C_e}{(T_a T_m s^2 + T_m s + 1)(T_S s + 1) + K_p K_S K_{sf} / C_e}$$

$$= \frac{K_P K_S / C_e}{T_a T_m s^3 + (T_a T_m + T_m T_S) s^2 + (T_m + T_S) S + 1 + K_p K_S K_{sf} / C_e}$$

2. 原系统给定稳态误差的计算

设系统的参数为：$T_a = 0.03 \text{ s}$　　$T_m = 0.2 \text{ s}$　　$K_S = 40$　　$R_a = 0.5 \ \Omega$

$C_e = 0.132 \text{ V/(r/m)}$　　$K_{sf} = 0.07$　　$T_S = 0.00167 \text{ s}$

系统的动态结构图 2-47 可简化为如图 2-48 所示的形式。

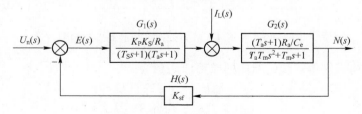

图 2-48　简化后系统的动态结构图

给定信号作用时，设 $I_L(s) = 0$。由图 2-48 可见，该系统是 0 型系统，因而当 $U_n(s) = \frac{1}{s}$ 时，系统一定存在稳态误差，其大小可按下式计算：

$$e_{ssr} = \frac{1}{1+K} = \frac{1}{1 + K_P K_S K_{st} / C_e}$$

将各参数值代入，得

$$e_{ssr} = \frac{1}{1 + 40 \times 0.07 K_p / 0.132}$$

取 $K_P = 0.11$，则 $e_{ssr} = 0.3$。

3. 原系统扰动稳态误差的计算

在扰动信号 $I_L(s)$ 作用时，设输入信号 $U_n(s) = 0$。$I_L(s) = \frac{1}{s}$，根据扰动作用下的误差传递函数，可求得稳态误差为

$$e_{ssd} = \lim_{s \to 0} s \cdot E_d(s) = \lim_{s \to 0} s \cdot \frac{G_2(s) H(s) I_L(s)}{1 + G(s) H(s)}$$

$$= \frac{R_a K_{sf}}{C_e + K_p K_S K_{st}}$$

将各参数代入上式，其中 K_P 取 0.11，得

$$e_{ssd} = \frac{0.5 \times 0.07}{0.132 + 0.11 \times 40 \times 0.07} \approx 0.08$$

系统总的稳态误差为

$$e_{ss} = e_{ssr} + e_{ssd} = 0.38$$

4. 求调整后的系统的传递函数

为了提高系统的稳态精度，同时满足平稳性的要求，并改善动态指标，将系统中的比例控制器改成比例积分控制器，即有

$$\frac{U_{ct}(s)}{E(s)} = \frac{K_P(\tau_1 s + 1)}{\tau_1 s}$$

系统的原理如图 2-40 所示。对应的动态结构图如图 2-49 所示。

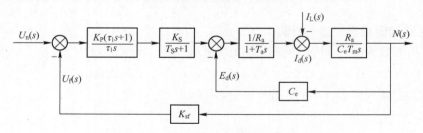

图 2-49　单闭环无静差调速系统的动态结构图

根据动态结构图求得系统的前向通路传递函数为

$$G(s) = \frac{K_P K_S (\tau_1 s + 1)/(C_e \tau_1)}{s(T_a T_m s^2 + T_m s + 1)(T_S s + 1)}$$

对于分母中的二次因式来说，若 $T_m > 4T_a$，则可作因式分解，得

$$G(s) = \frac{K_P K_S (\tau_1 s + 1)/(C_e \tau_1)}{s(T_1 s^2 + T_2 s + 1)(T_S s + 1)} \qquad (T_1 > T_2)$$

取控制器参数 $\tau_1 = T_1$，得

$$G(s) = \frac{K_P K_S/(C_e \tau_1)}{s(T_2 s + 1)(T_S s + 1)}$$

5. 调整后系统的稳态误差

对于 I 型系统，在给定信号 $U_n(s) = \dfrac{1}{s}$ 作用下的稳态误差 $e_{ssr} = 0$。将图 2-48 中的 K_P 换成 $\dfrac{K_P(\tau_1 s + 1)}{\tau_1 s}$，求得调整后的系统在扰动信号作用下的稳态误差为

$$e_{ssd} = \lim_{s \to 0} s \cdot E_d(s) = \lim_{s \to 0} s \cdot \frac{G_2(s) H(s) I_L(s)}{1 + G(s) H(s)}$$

$$= \lim_{s \to 0} s \cdot \frac{\dfrac{(T_a s + 1) R_a K_{sf}/C_e}{T_a T_m s^2 + T_m s + 1}}{1 + \dfrac{K_P K_S (\tau_1 s + 1)}{R_a \tau_1 s (T_S s + 1)(T_a s + 1)} \cdot \dfrac{R_a (T_a s + 1)}{C_a (T_a T_m s^2 + T_m s + 1)} \cdot K_{sf}} \cdot \frac{1}{s} = 0$$

系统的总的误差为

$$e_{ss} = e_{ssr} + e_{ssd} = 0$$

六、结论

由上述分析可见，与采用比例调节器的系统相比较，采用比例积分调节器后，系统的无差度得到了提高，稳态精度也得到了改善。若适当选择系统参数，则可基本保持或改善动态性能。

习　　题

2.1　已知系统的结构图如图 2-50 所示，试画出系统的信号流图，并求系统的传递函

数 $C(s)/R(s)$。

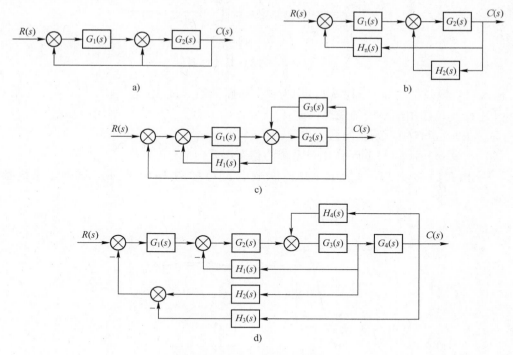

图 2-50   题 2.1 系统结构图

2.2   已知系统信号图如图 2-51 所示，试用梅逊增益公式求传递函数。

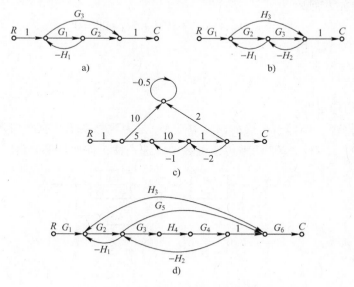

图 2-51   题 2.2 系统信号流图

2.3   设控制系统如图 2-52 所示。其中

$$G_1(s) = K_p + \frac{K}{s} \quad G_2(s) = \frac{1}{Js}$$

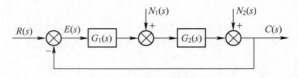

图 2-52　题 2.3 系统框图

输入 $r(t)$ 以及扰动 $n_1(t)$ 和 $n_2(t)$ 均为单位阶跃函数。试求：

（1）在 $r(t)$ 作用下系统的稳态误差；

（2）在 $n_1(t)$ 作用下系统的稳态误差；

（3）在 $n_1(t)$ 和 $n_2(t)$ 同时作用下系统的稳态误差。

2.4　由实验测得二阶系统的单位阶跃响应 $c(t)$ 如图 2-53 所示。试确定系统参数 ξ 及 ω_n。

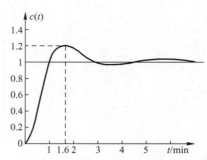

图 2-53　题 2.4 控制系统的单位阶跃响应曲线

2.5　系统特征方程为

$$s^6 + 30s^5 + 20s^4 + 10s^3 + 5s^2 + 20 = 0$$

试判断系统的稳定性。

2.6　已知系统特征方程为

$$s^5 + s^4 + 2s^3 + 2s^2 + 3s + 5 = 0$$

试判断系统的稳定性。

2.7　设控制系统如图 2-54 所示，其中 $G_c(s)$ 是为改善系统性能而加入的校正装置。若 $G_c(s)$ 可从 $K_\alpha s$ 和 $K_\alpha s^2 / (s+20)$ 两种传递函数中任选一种，你选择哪一种？为什么？

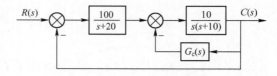

图 2-54　题 2.7 图

情境三　基于频域法的倒立摆系统分析

前面应用时域法简单地分析了单容水箱控制系统和直流电机调速系统，结合数学模型采用微分方程的形式计算系统的实际输出，画出输出曲线，并从曲线上读出系统的稳态性能、暂态性能和稳定性。利用微分方程式求解系统的动态过程，可以比较直观地看出输出量随时间的变化情况。但是用微分方程式求解系统的动态过程则比较麻烦。在上一章分析二阶系统的时候我们导出了二阶系统的特征参数与动态过程的关系，但是对于高阶系统，很难看出某个环节和参数对整个系统的动态过程有怎样的影响；当系统的动态特性不能满足生产工艺要求时，很难确定应该采用什么样的措施才能改进系统的动态特性。在工程实践中，通常不希望进行大量繁复的计算，而要求能够比较简单地分析出系统各参数对动态特性的影响，以及加进某些环节后对系统的动态特性又有了怎样的改进。

频率法是研究控制系统的一种常用工程方法，根据系统的频率特性能间接地分析系统的动态特性和稳态特性，可以简单迅速地判断某些环节或者参数对系统的动态特性和稳态特性的影响，并能指明系统改进的方向。

本情境将以直线一级倒立摆为被控对象，进行基于频域方法的系统分析与设计。倒立摆的控制目标有两个：一是稳摆，即使摆杆直立不倒；二是自摆起，即控制电动机使摆杆左右摆动进入稳摆范围。整个过程是动态的，表现为小车的左右移动也就是电动机的正反转。倒立摆系统的实时性很强，就是说它的速度比较快，所以采样时间较小，一般取10 ms左右。便携式一级直线倒立摆实物如图3-1所示。

图3-1　便携式直线一级倒立摆实物图

外形尺寸（长×宽×高）（mm）：102×78×541；

摆杆长度（mm）：500；

摆杆质量（kg）：0.13；

万向节质量（kg）：无；

转动范围：大于±20°。

本实验系统的主体包括摆杆、小车、便携支架、导轨、直流伺服电动机等。主体、驱动器、电源和数据采集卡都置于实验箱内，实验箱通过一条 USB 数据线与上位机进行数据交换，另有一条线接 220 V 交流电源。便携支架是为了使实验箱方便携带和安装而设计的。

采用牛顿－欧拉方法建模，经过近似和简化后，直线一级倒立摆以小车加速度为控制量，以摆杆角度为被控对象，对应系统的传递函数为

$$G(s) = \frac{\dfrac{3}{4l}}{s^2 - \dfrac{3g}{4l}}$$

倒立摆实物图参数见表3-1。

表 3-1　倒立摆实物图参数

摆杆质量 m	摆杆长度 L	摆杆转轴到质心的长度 l	重力加速度 g
0.0426 kg	0.305 m	0.152 m	9.81 m/s²

其中，便携式直线一级倒立摆试验系统总体结构如图3-2所示。

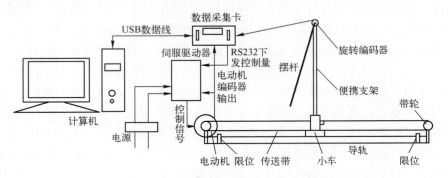

图 3-2　便携式一级倒立摆试验系统总体结构图

下面首先对频率特性的基本知识加以介绍，之后应用频域分析的方法对直线一级倒立摆系统进行分析。

1. 频率特性的基本概念

频域分析法是利用频率特性这一数学模型在频率域中对系统进行分析的图解法。那么什么是频率特性？先看一个实例。

已知 RC 电路如图 3-3 所示，求正弦输入信号作用下的稳态解。

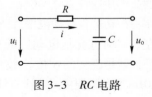

图 3-3　RC 电路

解：由图 3-3 中各量可知

$$iR + u_o = u_i$$

$$i = C \frac{\mathrm{d}u_o}{\mathrm{d}t}$$

得

$$RC \frac{\mathrm{d}u_o}{\mathrm{d}t} + u_o = u_i$$

或

$$T \frac{\mathrm{d}u_o}{\mathrm{d}t} + u_o = u_i, \quad T = RC$$

得到 RC 电路的传递函数为

$$\frac{U_o(s)}{U_i(s)} = \frac{1}{Ts + 1}$$

设输入信号为 $U_i(t) = A\sin\omega t$，其拉氏变换为 $U_i(s) = \dfrac{A\omega}{s^2 + \omega^2}$，则输出的拉氏变换为

$$U_o(s) = \frac{1}{Ts + 1} U_i(s) = \frac{1}{Ts + 1} \cdot \frac{\omega}{s^2 + \omega^2}$$

$$= \frac{A\omega T}{1 + T^2\omega^2} \cdot \frac{1}{s + \frac{1}{T}} - \frac{A\omega T}{1 + T^2\omega^2} \cdot \frac{s}{s^2 + \omega^2} + \frac{A}{1 + T^2\omega^2} \cdot \frac{\omega}{s^2 + \omega^2}$$

$$u_o(t) = L^{-1}[E_c(s)] = \frac{A\omega T}{1 + T^2\omega^2}e^{-\frac{t}{T}} + \frac{A}{1 + T^2\omega^2}\sin\omega t - \frac{A\omega T}{1 + T^2\omega^2}\cos\omega t$$

$$= \frac{A\omega T}{1 + T^2\omega^2}e^{-\frac{t}{T}} + \frac{A}{\sqrt{1 + T^2\omega^2}}\left(\frac{1}{\sqrt{1 + T^2\omega^2}}\sin\omega t - \frac{\omega T}{\sqrt{1 + T^2\omega^2}}\cos\omega t\right)$$

$$= \frac{A\omega T}{1 + T^2\omega^2}e^{-\frac{t}{T}} + \frac{A}{\sqrt{1 + T^2\omega^2}}\sin(\omega t - \arctan\omega T)$$

稳态解

$$u_{os}(t) = \lim_{t \to \infty} u_o(t) = \frac{A}{\sqrt{1 + T^2\omega^2}}\sin[\omega t - \arctan\omega T] = B\sin[\omega t - \arctan\omega T]$$

令

$$\begin{cases} A(\omega) = \dfrac{B}{A} = \dfrac{1}{\sqrt{1 + T^2\omega^2}} \\ \varphi(\omega) = -\arctan\omega T \end{cases} \tag{3-1}$$

则

$$u_{os}(t) = A \cdot A(\omega)\sin[\omega t + \varphi(\omega)] \tag{3-2}$$

结论:

1) 稳态解与输入信号为同一频率的正弦量。

2) 当 $A(\omega)$ 从 0 向 ∞ 变化时,其幅值之比 $\psi(\omega)$ 和相位差 ω 也将随之变化,其变化规律由系统的固有参数 RC 决定。

3) 系统稳态解的幅值之比 $A(\omega)$ 是 $\psi(\omega)$ 的函数,其比值为

$$A(\omega) = \frac{B}{A} = \frac{1}{\sqrt{1 + \omega^2 T^2}} = \frac{1}{|1 + j\omega T|}$$

4) $\varphi(\omega)$ 为输出稳态解与输入信号的相位差,也是 ω 的函数,且为

$$\varphi(\omega) = -\arctan\omega T = \angle\frac{1}{1 + j\omega T}$$

上述结论同样适用于一般系统。设线性定常系统具有如下传递函数:

$$G(s) = \frac{b_0 s^m + b_1 s^{m-1} + \cdots + b_{m-1}s + b_m}{s^n + a_1 s^{n-1} + \cdots + a_{n-1}s + a_n} = \frac{b_0 s^m + b_1 s^{m-1} + \cdots + b_{m-1}s + b_m}{(s + p_1)(s + p_2)\cdots(s + p_n)} \tag{3-3}$$

式中,不失一般性,假设 $-p_1, -p_2, \cdots, -p_n$ 为传递函数 $G(s)$ 的 n 个互异极点,它们可能是实数或共轭复数。

设输入信号为 $r(t) = A_r\sin\omega t$,其拉氏变换为 $R(s) = \dfrac{A_r\omega}{s^2 + \omega^2}$。则系统在复频域上的输出、输入关系为

$$C(s) = G(s)R(s) = \frac{b_0 s^m + b_1 s^{m-1} + \cdots + b_{m-1}s + b_m}{(s + p_1)(s + p_2)\cdots(s + p_n)} \cdot \frac{A_r\omega}{s^2 + \omega^2}$$

$$= \frac{C_1}{s + p_1} + \frac{C_2}{s + p_2} + \cdots + \frac{C_n}{s + p_n} + \frac{B}{s + j\omega} + \frac{D}{s - j\omega}$$

$$= \sum_{i=1}^{n} \frac{C_i}{s + p_i} + \frac{B}{s + j\omega} + \frac{D}{s - j\omega} \tag{3-4}$$

式中 C_i、B、D——均为待定系数。

将式（3-4）进行拉氏反变换，得到系统的输出响应为

$$c(t) = \sum_{i=1}^{n} C_i e^{-p_i t} + (B e^{-j\omega t} + D e^{j\omega t}) = c_t(t) + c_s(t) \tag{3-5}$$

式中，第一项 $c_t(t)$ 由 $C(s)$ 中 $G(s)$ 的极点所决定，是系统的暂态分量或过渡过程分量；第二项 $c_s(t)$ 由 $G(s)$ 中 $R(s)$ 的极点所决定，是系统的稳态分量。若系统 $G(s)$ 稳定，其极点 $-p_i$ 均具有负的实部，当 $t \to \infty$ 时，$c_t(t) \to 0$。因此

$$c_s(t) = \lim_{t \to \infty} c(t) = B e^{-j\omega t} + D e^{j\omega t} \tag{3-6}$$

式（3-6）中的 B 和 D 求取如下：

$$B = C(s)(s + j\omega) \mid_{s = -j\omega} = G(s) \frac{A_r \omega}{s^2 + \omega^2}(s + j\omega) \mid_{s = -j\omega}$$

$$= G(s) \frac{A_r \omega}{(s + j\omega)(s - j\omega)}(s + j\omega) \mid_{s = -j\omega}$$

$$= G(-j\omega) \frac{A_r}{-2j} = |G(j\omega)| e^{-j \angle \varphi(j\omega)} A_r \frac{1}{-2j}$$

$$= \frac{|G(j\omega)|}{2} A_r e^{-j[\angle \varphi(j\omega) - \pi/2]}$$

同理可得

$$D = \frac{|D(j\omega)|}{2} A_r e^{j[\angle \varphi(j\omega) - \pi/2]}$$

将 B、D 代入式（3-6），得

$$c_s(t) = \frac{|G(j\omega)|}{2} A_r \left[e^{-j[\omega t + \angle \varphi(j\omega) - \pi/2]} + e^{j[\omega t + \angle \varphi(j\omega) - \pi/2]} \right]$$

$$= |G(j\omega)| A_r \cos \left[\omega t + \angle G(j\omega) - \frac{\pi}{2} \right]$$

$$= |G(j\omega)| A_r \sin \left[\omega t + \angle G(j\omega) \right]$$

$$= A_r \sin \left[\omega t + \varphi(\omega) \right] \tag{3-7}$$

式中 $A_c = |G(j\omega)| A_r$ 为稳态输出的幅值；$\varphi(\omega) = \angle G(j\omega)$ 为稳态输出的相位差。

从式（3-7）可以看出，在正弦信号作用下，线性定常系统输出的稳态分量是与输入同频率的正弦信号。只是稳态输出的幅值和相位与输入信号不同，其输出幅值是输入幅值的 $|G(j\omega)|$ 倍，输出相位与输入相位差为 $\angle G(j\omega)$。

2. 频率特性的定义

线性定常系统（或环节）在正弦输入信号的作用下，稳态输出与输入的复数比叫作系统（或环节）的频率特性，记为 $G(j\omega)$。

对式（3-3）的系统，其频率特性为

$$G(j\omega) = \frac{A_c(\omega) e^{j\varphi(\omega)}}{A_r e^{j0}}$$

$$= \frac{b_0(j\omega)^m + b_1(j\omega)^{m-1} + \cdots + b_{m-1}(j\omega) + b_m}{(j\omega)^n + a_1(j\omega)^{n-1} + \cdots + a_{n-1}(j\omega) + a_n}$$

$$= A(\omega) \angle \varphi(\omega) \qquad\qquad (3-8)$$

式中 $\qquad\qquad A(\omega) = |G(j\omega)|, \varphi(\omega) = \angle G(j\omega)$

3. 频率特性的几何表示方法

频率特性的几何表示方法有两种，一种是幅相频率特性，也叫极坐标图、奈奎斯特曲线或奈氏曲线，另一种是对数频率特性，也叫伯德图。

（1）极坐标图

在极坐标系中（俗称 G 平面或 GH 平面），以频率 ω 为参变量，绘制 $G(j\omega)$ 的幅频特性 $A(\omega)$ 和相频特性 $\varphi(\omega)$ 之间关系的曲线称为频率特性的极坐标图或奈奎斯特图，简称奈氏曲线。由于幅频特性 $A(\omega)$ 是频率 ω 的偶函数，相频特性 $\varphi(\omega)$ 是 ω 的奇函数，当 ω 从零变化到 ∞ 时的奈氏曲线与 ω 从 $-\infty$ 变化到零的奈氏曲线关于实轴对称。因此，通常只画出 ω 从零变至 ∞ 时的奈氏曲线，并在曲线上用箭头表示 ω 增大的方向。

（2）对数频率特性图

在半对数坐标系中，表示频率特性的对数幅值 $20\lg A(\omega)$ 与频率 ω，相位 $\varphi(\omega)$ 与 ω 之间关系的曲线图称为对数频率特性图，也称对数坐标图或伯德图。因此，对数频率特性图由对数幅频特性和对数相频特性两张图组成。对数幅频特性图的纵坐标为 $20\lg A(\omega)$，常用 $L(\omega)$ 表示，单位为分贝（dB），对数相频特性图的纵坐标为角度（°）。两张图的纵坐标均按线性分度，横坐标则以频率 ω 的自然对数值标注，但采用 $\lg\omega$ 刻度分布，单位为弧度/秒（rad/s），如图 3-4 所示。

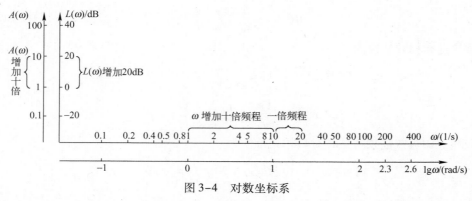

图 3-4　对数坐标系

从图 3-4 可以看出，横坐标对频率 ω 是不均匀的，但对 $\lg\omega$ 却是均匀的。当频率按十倍变化时，在 $\lg\omega$ 横坐标轴上的长度变化一个单位，称为一个十倍频程，以"dec"（decade）表示。由于实际应用时，横坐标标注频率的自然值，并不是频率的对数值，所以对数频率特性图又称半对数坐标图，常称 Bode 图。

由于对数频率特性图（Bode 图）容易绘制且便于估计系统的性能指标，在工程中得到了较为广泛的应用，特别是对数幅频特性的运算可以用叠加原理，这给系统的设计带来了极大的方便。因此，Bode 图是频域分析法中十分重要的图示方法之一。

下面从典型环节出发，分别画出典型环节的对数频率特性（即伯德图）和幅相频率特性（即奈奎斯特曲线）。

4. 典型环节的 Bode 图

（1）比例环节

比例环节的传递函数和频率特性为

$$G(s) = K \tag{3-9}$$

$$G(j\omega) = K \tag{3-10}$$

幅值特性和相频特性

$$\begin{cases} A(\omega) = \left| G(j\omega) \right| = K \\ \varphi(\omega) = \angle G(j\omega) = 0° \end{cases} \tag{3-11}$$

对数幅频特性和对数相频特性为

$$\begin{cases} L(\omega) = 20\lg A(\omega) = 20\lg K \\ \varphi(\omega) = 0° \end{cases} \tag{3-12}$$

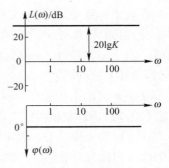

当 $K > 1$ 时，则 $L(\omega) < 0$，对数幅频特性 $L(\omega)$ 是一条位于 ω 轴上方的平行直线；当 $K = 1$ 时，$L(\omega) = 0$，对数幅频特性 $L(\omega)$ 就是 ω 轴线；当 $0 < K < 1$ 时，则 $L(\omega) < 0$，对数幅频特性 $L(\omega)$ 是一条位于 $\lg\omega$ 轴下方的平行直线。由于 $\varphi(\omega) = 0°$，所以 $\varphi(\omega)$ 曲线就是 ω 轴线。比例环节 Bode 图如图 3-5 所示。

图 3-5 比例环节 Bode 图

（2）积分环节

积分环节的传递函数和频率特性为

$$G(s) = \frac{1}{s} \tag{3-13}$$

$$G(j\omega) = \frac{1}{j\omega} = \frac{1}{\omega} e^{-j90°} \tag{3-14}$$

幅频特性和相频特性为

$$\begin{cases} A(\omega) = \left| \dfrac{1}{j\omega} \right| = \dfrac{1}{\omega} \\ \varphi(\omega) = \angle \dfrac{1}{j\omega} = \angle \left(-j\dfrac{1}{\omega} \right) = -90° \end{cases} \tag{3-15}$$

积分环节的对数幅频特性和对数相频特性为

$$\begin{cases} L(\omega) = 20\lg A(\omega) = 20\lg \dfrac{1}{\omega} = -20\lg\omega \\ \varphi(\omega) = -90° \end{cases} \tag{3-16}$$

由于 Bode 图的横坐标按 $\lg\omega$ 刻度，故式（3-16）可视为自变量为 $\lg\omega$、因变量为 $L(\omega)$ 的关系式，因此该式在 Bode 图上是一个直线方程式。直线的斜率为 $-20\ \text{dB/dec}$。当 $\omega = 1$ 时，$-20\lg\omega = 0$，即 $L(1) = 0$，所以积分环节的对数幅频特性是与 ω 轴相交于 $\omega = 1$、斜率为 $\omega = 1$ 的直线。积分环节的相频特性是 $\varphi(\omega) = -90°$，相应的对数相频特性是一条位于 ω 轴下方，且平行于 ω 轴的水平直线。积分环节 Bode 图如图 3-6 所示。

（3）纯微分环节

纯微分环节的传递函数和频率特性为

$$G(s) = s \tag{3-17}$$

$$G(j\omega) = 0 + j\omega = \omega e^{j90°} \tag{3-18}$$

可见与积分环节互为倒数，故容易写出它的对数幅频特性和对数相频特性为

$$\begin{cases} L(\omega) = 20\lg\omega \\ \varphi(\omega) = 90° \end{cases} \tag{3-19}$$

从式（3-19）可以看出，微分环节的对数幅频特性和对数相频特性都只与积分环节相差一个"负"号。因而微分环节和积分环节的 Bode 图对称于 ω 轴，其对数幅频特性是斜率为 20 dB/dec，且过 $\omega = 1$ 的直线。对数相频特性是一条位于 ω 轴上方，且平行于 ω 轴的水平直线。纯微分环节 Bode 图如图 3-7 所示。

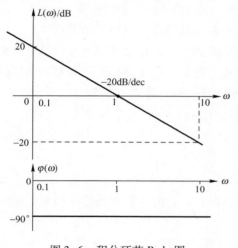

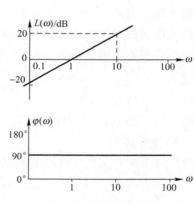

图 3-6　积分环节 Bode 图　　　　图 3-7　纯微分环节 Bode 图

（4）惯性环节

惯性环节的传递函数和频率特性为

$$G(s) = \frac{1}{1 + Ts} \tag{3-20}$$

$$G(j\omega) = \frac{1}{1 + j\omega T} \tag{3-21}$$

幅值特性和相频特性为

$$\begin{cases} A(\omega) = \dfrac{1}{|1 + j\omega T|} = \dfrac{1}{\sqrt{1 + (\omega T)^2}} \\ \varphi(\omega) = \angle\dfrac{1}{1 + j\omega T} = -\arctan^{-1}\omega T \end{cases} \tag{3-22}$$

对数幅频特性和对数相频特性为

$$\begin{cases} L(\omega) = 20\lg A(\omega) = 20\lg \dfrac{1}{\sqrt{1 + (\omega T)^2}} = -20\lg\sqrt{1 + (\omega T)^2} \\ \varphi(\omega) = -\arctan\omega T \end{cases} \tag{3-23}$$

绘制惯性环节的对数幅频特性曲线时，可以将不同的 ω 值代入式（3-23）逐点计算 $L(\omega)$。但通常是用渐近线的方法先画出曲线的大致图形，然后再加以精确化修正。

1）低频段 $\omega T \ll 1$（或 $\omega \ll 1/T$），则由式（3-23）可得

$$L(\omega) \approx 0 (\mathrm{dB}) \tag{3-24}$$

式（3-24）表明，惯性环节低频段的对数幅频特性曲线是一条零分贝的渐近线，它与 ω 轴重合，如图 3-8 所示。

2）高频段 $\omega T \gg 1$（或 $\omega \gg 1/T$），则由式（3-23）可得

$$L(\omega) \approx -20\lg\omega T(\text{dB}) \tag{3-25}$$

式（3-25）中，当 $\omega T = 1$（或 $\omega = 1/T$）时

$$L(\omega) \approx -20\lg\omega T = 0(\text{dB})$$

式（3-25）表明，惯性环节在高频段 $\omega \gg 1/T$ 范围内的对数幅频特性曲线是一条斜率为 $-20\,\text{dB/dec}$，且与 ω 轴相交于 $\omega = 1/T$ 的渐近线，它与低频段渐近线也交于 $\omega = 1/T$，$\omega = 1/T$ 称为转折频率。转折频率求出后，就可方便地绘制出低频段和高频段的渐近线。由于渐近线接近于精确曲线，因此，在一些不需要十分精确的场合，就可以用渐近线代替精确曲线加以分析。在要求精确曲线的场合，需要对渐近线进行修正。由于渐近线代替精确曲线的最大误差发生在转折频率处，因此可将 $\omega = 1/T$ 代入式（3-23），可得

精确值为 $L(\omega) = -20\lg\sqrt{1+1} = -3.01(\text{dB}) \approx -3(\text{dB})$

近似值为 $L(\omega) = 0(\text{dB})$

误差值为 $\Delta L(\omega) = -3(\text{dB})$

（5）一阶微分环节

一阶微分环节 $1 + Ts$ 是惯性环节的倒数，容易求出它的对数幅频特性和对数相频特性的公式为

$$\begin{cases} L(\omega) = 20\lg\sqrt{1 + \omega^2 T^2} \\ \varphi(\omega) = \arctan\omega T \end{cases} \tag{3-26}$$

将式（3-23）与式（3-26）对比可知，一阶微分环节与一阶惯性环节的对数幅频特性和相频特性只相差一个"负"号，因而一阶微分环节和一阶惯性环节的伯德图对称于 ω 轴，如图 3-9 所示。

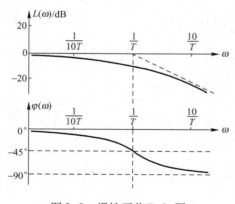

图 3-8 惯性环节 Bode 图

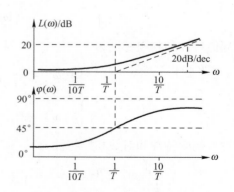

图 3-9 一阶微分环节 Bode 图

（6）振荡环节

振荡环节的传递函数和频率特性为

$$G(s) = \frac{1}{T^2 s^2 + 2\xi Ts + 1} \tag{3-27}$$

$$G(j\omega) = \frac{1}{(j\omega T)^2 + 2\xi(j\omega T) + 1} \qquad (3-28)$$

幅频特性和相频特性为

$$\begin{cases} A(\omega) = |G(j\omega)| = \left| \dfrac{1}{(1 - \omega^2 T^2) + j2\xi\omega t} \right| = \dfrac{1}{\sqrt{(1 - \omega^2 T^2) + (2\xi\omega T)^2}} \\ \varphi(\omega) = \angle G(j\omega) = \angle \dfrac{1}{(1 - \omega^2 T^2) + j2\xi\omega T} = -\arctan \dfrac{2\xi\omega T}{1 - (\omega T)^2} \end{cases} \qquad (3-29)$$

对数幅频特性和对数相频特性为

$$\begin{cases} L(\omega) = 20\lg A(\omega) = -20\lg \sqrt{(1 - \omega^2 T^2)^2 + (2\xi\omega T)^2} \\ \varphi(\omega) = -\arctan \dfrac{2\xi\omega T}{1 - (\omega T)^2} \end{cases} \qquad (3-30)$$

依照惯性环节的求取方法，先求出振荡环节的对数幅频特性的渐近线。

1）低频段 $\omega T \ll 1$（或 $\omega \ll 1/T$），由式（3-30）可得

$$L(\omega) \approx -20\lg 1 = 0(\text{dB}) \qquad (3-31)$$

式（3-31）表明，低频段渐近线为一条零分贝的直线，与 ω 轴重合。

2）高频段 $\omega T \gg 1$（或 $\omega \gg 1/T$），由式（3-30）可得

$$L(\omega) \approx = -20\lg(\omega T)^2 = -40\lg(\omega T)(\text{dB}) \qquad (3-32)$$

式（3-32）表明，高频段是一条斜率为 $-40\,\text{dB/dec}$，且相交于 $\omega = 1/T$ 的渐近线。

低频段和高频段的渐近线相交于 $\omega = 1/T$，此频率称为振荡环节的转折频率。

振荡环节对数幅频特性的精确曲线可以按式（3-30）计算并绘制。显然，精确曲线随阻尼比 ξ 的不同而不同。因此，渐近线的误差也随 ξ 的不同而不同。不同 ξ 值时的精确曲线如图 3-10 所示。从图中可以看出，当 ξ 值在一定范围内时，其相应的精确曲线都有峰值。

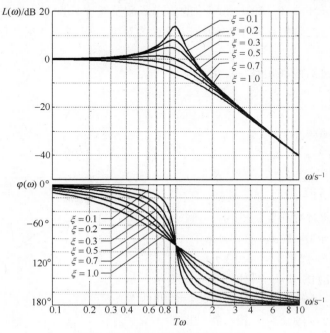

图 3-10　二阶振荡环节 Bode 图

这个峰值可以按求函数极值的方法由式（3-30）求得。渐近线误差随 ξ 不同而不同的误差曲线如图 3-11 所示。从图 3-11 可以看出，渐近线的误差在 $\omega = 1/T$ 附近为最大，并且 ξ 值越小，误差越大。当 $\xi \to 0$ 时，误差将趋近于无穷大。

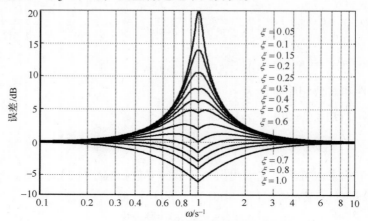

图 3-11　振荡环节幅频特性的误差曲线

由式（3-30）可知，振荡环节的相频特性也和阻尼比 ξ 有关，这些相频特性曲线如图 3-10 所示。由图 3-10 可以看出，它们都是关于以转折频率 $\omega = 1/T$ 处相角为 $-90°$ 的斜对称。

（7）二阶微分环节

二阶微分环节的传递函数和频率特性为

$$G(s) = T^2 s^2 + 2\xi T s + 1 \quad (0 < \xi < 1) \tag{3-33}$$

$$G(j\omega) = (j\omega T)^2 + 2\xi(j\omega T) + 1 \tag{3-34}$$

可见，二阶微分环节和二阶振荡环节的传递函数及频率特性互为倒数，所以其对数幅频特性和相频特性都与二阶振荡环节的特性以 ω 轴为对称，很容易绘制，这里不再赘述。

（8）延迟环节

延迟环节的传递函数和频率特性为

$$G(s) = e^{-\tau s}$$
$$G(j\omega) = e^{-j\tau\omega} \tag{3-35}$$

幅频特性和相频特性为

$$\begin{cases} A(\omega) = |G(j\omega)| = |1 \times e^{-j\tau\omega}| = 1 \\ \varphi(\omega) = \angle G(j\omega) = \angle e^{-j\omega\tau} \\ \qquad = -\tau\omega(\mathrm{rad}) = -57.3 \times \tau\omega(°) \end{cases} \tag{3-36}$$

对数幅频特性和对数相频特性为

$$\begin{cases} L(\omega) = 20\lg A(\omega) = 20\lg 1 = 0 \\ \varphi(\omega) = -57.3 \times \tau\omega(°) \end{cases} \tag{3-37}$$

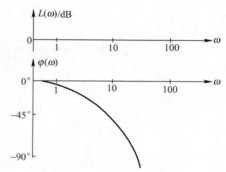

图 3-12　延迟环节 Bode 图

取 $\tau = 0.1$，对应的 Bode 图如图 3-12 所示。从图 3-12 可以看出，延迟环节的对数幅频特性曲线为 $L(\omega) = 0$ 的直线，与 ω 轴重合。相频特性曲线为 $\omega \to \infty$，当 $\omega \to \infty$ 时，$\varphi(\omega) \to \infty$。

5. 典型环节的极坐标图

（1）比例环节

比例环节的幅频特性和相频特性为

$$\begin{cases} A(\omega) = |G(j\omega)| = K \\ \varphi(\omega) = \angle G(j\omega) = 0° \end{cases} \qquad (3-38)$$

从式（3-38）可知，比例环节的幅频特性和相频特性与频率 ω 无关，它的极坐标图是 G 平面实轴上的一个点，如图 3-13 所示。表明比例环节稳态正弦响应的振幅是输入信号的 $G(j\omega) = j\omega$ 倍，且响应与输入同相位。

（2）纯微分环节

纯微分环节的幅频特性和相频特性为

$$\begin{cases} A(\omega) = \omega \\ \varphi(\omega) = 90° \end{cases} \qquad (3-39)$$

频率特性为 $G(j\omega) = j\omega$。

微分环节的幅值与 ω 成正比，相角恒为 90°。当 $\omega = 0 \rightarrow \infty$ 时，极坐标图从 G 平面的原点起始，一直沿虚轴趋于 $+j\infty$ 处，如图 3-14 所示。

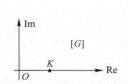

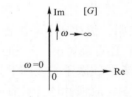

图 3-13　比例环节的极坐标图　　　图 3-14　微分环节的极坐标图

（3）积分环节

积分环节的幅频特性和相频特性为

$$\begin{cases} A(\omega) = \dfrac{1}{\omega} \\ \varphi(\omega) = -90° \end{cases} \qquad (3-40)$$

频率特性为 $G(j\omega) = -j\dfrac{1}{\omega}$。

积分环节的幅值与 ω 成反比，相角恒为 -90°。当 $\omega = 0 \rightarrow \infty$ 时，极坐标图从虚轴 $-j\infty$ 处出发，沿负虚轴逐渐趋于坐标原点，如图 3-15 所示。

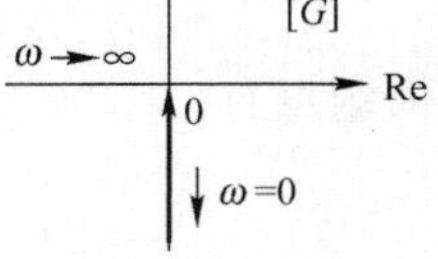

（4）惯性环节

惯性环节的幅频特性和相频特性为

$$\begin{cases} A(\omega) = \dfrac{1}{\sqrt{1 + \omega^2 T^2}} \\ \varphi(\omega) = -\arctan\omega T \end{cases} \qquad (3-41)$$

图 3-15　微分环节的
极坐标图

当 $\omega = 0$ 时，幅值 $A(\omega) = 1$，相角 $\varphi(\omega) = 0°$；当 $\omega = \infty$ 时，

$A(\omega) = 0$，$\varphi(\omega) = -90°$。可以证明，惯性环节极坐标图是一个以（1/2，j0）为圆心、1/2 为半径的半圆，如图 3-16 所示。证明如下：

因

$$G(j\omega) = \frac{1}{1 + j\omega T} = \frac{1}{1 + (\omega T)^2} - j\frac{\omega T}{1 + (\omega T)^2}$$

设

$$G(j\omega) = X + jY$$

则

$$X = \frac{1}{1 + \omega^2 T^2} \qquad (3-42)$$

$$Y = \frac{-\omega T}{1 + \omega^2 T^2} = -\omega TX \qquad (3-43)$$

由式（3-43）可得

$$-\omega T = \frac{Y}{X} \qquad (3-44)$$

将式（3-44）代入式（3-42），整理后可得

$$\left(X - \frac{1}{2}\right)^2 + Y^2 = \left(\frac{1}{2}\right)^2 \qquad (3-45)$$

式（3-45）表明，惯性环节的极坐标图符合圆的方程，圆心在实轴上 1/2 处，半径为 1/2。从式（3-43）还可以看出，X 为正值时，Y 只能取负值；由式（3-42）可以看出，X 必为正值，这意味着曲线限于实轴的下方，只是半个圆。另外，当频率很高时，幅值衰减很多，相位滞后也很多，故惯性环节具有明显的低通滤波特性。低频信号容易通过，而高频信号通过后幅值衰减较大。

已知某环节的极坐标图如图 3-17 所示，当输入频率为 $\omega = 1$ 的正弦信号时，该环节稳态响应的相位滞后 30°，试确定该环节的传递函数。

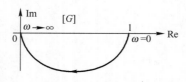

图 3-16 惯性环节的极坐标图

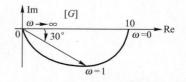

图 3-17 极坐标图

解：根据极坐标图的形状，可以断定该环节传递函数形式为

$$G(j\omega) = \frac{K}{Ts + 1} \qquad （0 型系统）$$

依题意有

$$A(0) = |G(j0)| = K = 10$$

$$\varphi(1) = -\arctan T = -30°$$

因此得

$$K = 10, T = \sqrt{3}/3$$

所以

$$G(s) = \frac{30}{\sqrt{3}\,s + 3}$$

（5）一阶微分环节

一阶微分环节的幅频特性和相频特性为

$$\begin{cases} A(\omega) = \sqrt{1 + \omega^2 T^2} \\ \varphi(\omega) = \arctan\omega T \end{cases} \qquad (3\text{-}46)$$

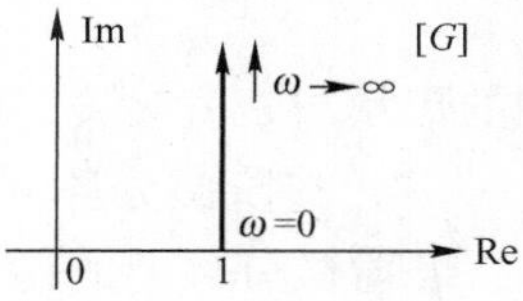

因为一阶微分环节的频率特性为

$$G(j\omega) = 1 + j\omega T \qquad (3\text{-}47)$$

所以极坐标图的实部为常数 1，虚部与 ω 成正比，如图 3-18 所示。

图 3-18　一阶微分环节的极坐标图

（6）振荡环节

振荡环节的传递函数为

$$G(s) = \frac{1}{T^2 s^2 + 2T\xi s + 1} = \frac{\omega_n^2}{s^2 + 2\xi\omega_n + \omega_n^2}, 0 < \xi < 1 \qquad (3\text{-}48)$$

式中　ω_n——振荡环节的无阻尼自然频率，$\omega_n = 1/T$；

　　　　ξ——阻尼比，且 $0 < \xi < 1$。

频率特性为

$$G(j\omega) = \frac{1}{(1 - \frac{\omega^2}{\omega_n^2}) + j2\xi\frac{\omega}{\omega_n}} \qquad (3\text{-}49)$$

幅频特性和相频特性为

$$\begin{cases} A(\omega) = \dfrac{1}{\sqrt{\left(1 - \dfrac{\omega^2}{\omega_n^2}\right)^2 + 4\xi^2\dfrac{\omega^2}{\omega_n^2}}} \\[4mm] \varphi(\omega) = -\arctan\dfrac{2\xi\dfrac{\omega}{\omega_n}}{1 - \dfrac{\omega^2}{\omega_n^2}} \end{cases} \qquad (3\text{-}50)$$

$\omega = 0$ 时　　$G(j0) = 1\angle 0°$

$\omega = \infty$ 时　　$G(j0) = 0\angle 180°$

分析振荡环节当 ω 为 $0\to\infty$ 变化时，$A(\omega)$ 和 $\varphi(\omega)$ 的变化规律，就可以绘出 $G(j\omega)$ 的极坐标图。需注意相频特性的变化，即

$$\varphi(\omega) = \begin{cases} -\arctan\dfrac{2\xi\dfrac{\omega}{\omega_n}}{1 - \dfrac{\omega^2}{\omega_n^2}} & \omega \leqslant \omega_n \\[6mm] -\left[\pi - \arctan\dfrac{2\xi\dfrac{\omega}{\omega_n}}{\dfrac{\omega^2}{\omega_n} - 1}\right] & \omega > \omega_n \end{cases} \qquad (3\text{-}51)$$

另外，当 $\omega = \omega_n$ 时，$A(\omega) = \dfrac{1}{2\xi}$，其值与 ξ 有关，ξ 越小，$A(\omega)$ 越大。但 $\varphi(\omega)$ 始终不变，为 $-90°$。在每条曲线上有一个对应于 $\omega = \omega_r$ 的谐振峰值 M_r，ω_r 称为谐振频率，$\omega_r = \omega_n \sqrt{1-2\xi}$，谐振峰值 $M_r = \sqrt{A(\omega_r)} = A_{\max} = \dfrac{1}{2\xi\sqrt{1-\xi^2}}$。由上述分析可知，振荡环节极坐标图的形状与 ξ 值有关，当 ξ 值分别取 0.4、0.6 和 0.8 时，绘制的极坐标图如图 3-19 所示。

（7）二阶微分环节

二阶微分环节的传递函数重写如下：

$$G(s) = Ts^2 + 2\xi Ts + 1$$
$$= \frac{s^2}{\omega_n^2} + 2\xi\frac{s}{\omega_n} + 1$$

频率特性为

$$G(j\omega) = \left[1 - \frac{\omega^2}{\omega_n^2}\right] + j2\xi\frac{\omega}{\omega_n} \tag{3-52}$$

幅频特性和相频特性为

$$\begin{cases} A(\omega) = \sqrt{\left[1 - \dfrac{\omega^2}{\omega_n^2}\right]^2 + 4\xi^2\dfrac{\omega^2}{\omega_n^2}} \\[4mm] \varphi(\omega) = \arctan\dfrac{2\xi\dfrac{\omega}{\omega_n}}{1 - \dfrac{\omega^2}{\omega_n^2}} \end{cases}$$

极坐标图如图 3-20 所示。

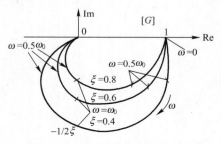

图 3-19 振荡环节的极坐标图

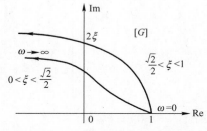

图 3-20 二阶微分环节的极坐标图

（8）延迟环节

延迟环节的频率特性为

$$G(j\omega) = e^{-j\tau\omega}$$

幅频特性和相频特性为

$$\begin{cases} A(\omega) = 1 \\ \varphi(\omega) = -\tau\omega \end{cases}$$

可见，不论频率 ω 如何变化，幅频特性始终为 1。

因此，延迟环节的极坐标图是圆心在原点的单位圆，如图 3-21 所示，ω 值越大，其相角滞后量越大。

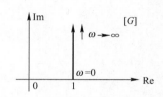

图 3-21 延迟环节的
极坐标图

任务一　倒立摆系统开环幅相频率特性的绘制

一、任务目标

认知目标：

掌握多个环节组成的复杂系统的奈奎斯特曲线的画法。

能力目标：

能够根据给定的系统数学模型画出系统的奈奎斯特曲线。

二、任务描述

经过建模测定某倒立摆系统的开环传递函数近似为 $G(s) = \dfrac{10}{(s+1)(0.1s+1)}$，请画出倒立摆系统的奈奎斯特曲线，并应用仿真软件画图，验证所画图形的正确性。

三、相关知识点

（一）基本概念

1. 频率特性的概念

零初始条件的线性系统或环节，在正弦信号的作用下，稳态输出与输入的复数比。

2. 最小相位系统的定义

凡是在 s 右半平面存在有零点或极点的系统，称之为非最小相位系统。

"最小相位"这个概念来源于网络。它主要是指具有相同幅频特性的一些环节，其中相角的位移存在最小可能值的，称其为非最小相位环节；反之，其中相角的位移大于最小可能值的环节，称其为非最小相位环节；后者经常在开环传递函数中包含 s 右半平面的零点或极点。

（二）方法和经验

1. 系统的开环幅相频率特性的画法

针对不同类型的开环系统，当 $\omega \to 0$ 时，极坐标图的起始角不同。针对 0 型、Ⅰ 型、Ⅱ 型系统的极坐标图，都分别起始于 $0°$、$-90°$、$-180°$ 方向。当 $\omega \to \infty$ 时，极坐标图全部沿着固定的角度并且趋于原点。

（1）极坐标图低频段画法

$$G(j\omega)H(j\omega) = \frac{K \prod\limits_{i=1}^{m}(j\omega\tau_i + 1)}{(j\omega)^v \prod\limits_{j=1}^{n-v}(j\omega T_j + 1)} \qquad (3\text{-}53)$$

其中

$$A(\omega) = \frac{K \prod\limits_{i=1}^{m}\sqrt{1 + \omega^2\tau_i^2}}{\omega^v \prod\limits_{j=1}^{n-v}\sqrt{1 + \omega^2 T_j^2}} \qquad (3\text{-}54)$$

$$\varphi(\omega) = -v \times 90° + \sum_{i=1}^{m} \arctan\omega\tau_i - \sum_{j=1}^{n-v} \arctan\omega T_j \tag{3-55}$$

当 $\omega \to 0$ 时，可以算出极坐标图低频部分：

$$\begin{cases} A(0^+) = \lim_{\omega \to 0^+} \dfrac{K}{\omega^v} \\ \varphi(0^+) = -90° \times v \end{cases} \tag{3-56}$$

针对 0 型系统，当 $\omega \to 0$ 时，极坐标起始于点（K，j0）；

针对 Ⅰ 型系统，极坐标图由 ∞ 趋向一条与负虚轴平行的渐近线；

针对 Ⅱ 型系统，极坐标图由 ∞ 趋向一条与负实轴平行的渐近线；

对于 Ⅲ 型系统，极坐标图由 ∞ 趋向一条与正虚轴平行的渐近线。

如图 3-22b 所示。

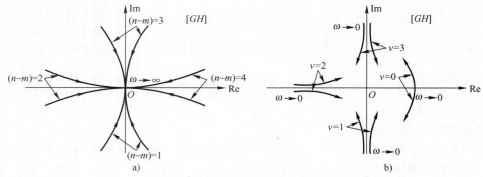

图 3-22　极坐标图高频段和低频段的形状

（2）极坐标图的高频段画法

将上述开环系统频率特性的一般形式写出展开式，则有

$$G(j\omega)H(j\omega) = \frac{b_0 (j\omega)^m + b_1 (j\omega)^{m-1} + \cdots + K}{a_0 (j\omega)^n + a_1 (j\omega)^{n-1} + \cdots + a_{n-v-1}(j\omega)^{v+1} + (j\omega)^v} \tag{3-57}$$

通常 $n > m$，所以当 $\omega \to \infty$ 时，式（3-53）可近似写为

$$G(j\omega)H(j\omega) \bigg|_{\omega \to \infty} \approx \frac{b_0}{a_0} \frac{1}{j^{n-m}} \frac{1}{\omega^{n-m}} \bigg|_{\omega \to \infty} \tag{3-58}$$

其中

$$\begin{cases} A(\omega) \big|_{\omega \to \infty} = \dfrac{b_0}{a_0 \omega^{n-m}} \bigg|_{\omega \to \infty} \\ \varphi(\omega) \big|_{\omega \to \infty} = -90° \times (n-m) \end{cases} \tag{3-59}$$

可见，极坐标图按式（3-54）的角度停止于原点，如图 3-22a 所示。

（3）极坐标图与实轴和虚轴的交点

极坐标图与实轴交点处的频率由以下公式求得，并且令开环系统频率特性的虚部为 0，即

$$\text{Im}[G(j\omega)H(j\omega)] = 0 \tag{3-60}$$

极坐标图与虚轴交点处的频率由以下公式求得，并且令开环系统频率特性的实部为 0，即

$$\text{Re}[G(j\omega)H(j\omega)] = 0 \tag{3-61}$$

（4）奈奎斯特曲线的中频段

如果开环系统没有开环零点，那么当 ω 从 0→∞ 的变化过程中，频率特性的相位角呈单

调并连续减小，极坐标图的变化相对平滑，如图 3-23a 所示；如果开环系统有开环零点，那么当 ω 从 $0\to\infty$ 的变化过程中，频率特性的相位角不呈单调并连续减小，极坐标图有可能出现凹部，其凹部程度取决于开环零点的位置。

如图 3-23b、c 所示。

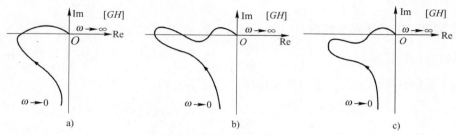

图 3-23　极坐标图中频段的形状

这个系统极坐标图的高、低频段的规律只适合于开环传递函数并且为最小相位系统。根据这个规律，再求出与实轴的交点，然后绘制出系统大概的极坐标图，一般都可以满足问题分析的要求。

2. 奈奎斯特曲线画法举例

下面根据已知传递函数 $GH(s)=\dfrac{0.1s+1}{s(0.2s+1)}$，画出系统的奈奎斯特图。

解：$A(\omega)=\dfrac{\sqrt{1+0.01\omega^2}}{\omega\sqrt{1+0.04\omega^2}}$

$\varphi(\omega)=\arctan(0.1\omega)-90°-\arctan(0.2\omega)$

$\omega\to 0:M\to 1\times\infty\times 1=\infty$

$\omega\to\infty:M\to 0\times 0\times\infty=0$

$\varphi\to 0-90°-0=-90°$

$\varphi\to +90°-90°-90°=-90°$

令幅值方程为 1，求出此频率：

$1=\dfrac{\sqrt{1+0.01\omega^2}}{\omega\sqrt{1+0.04\omega^2}}\to \omega^2(1+0.04\omega^2)=1+0.01\omega^2$

$0.04\omega^2+0.99\omega^2-1=0$

假设：$x=\omega^2$

$0.04x^2+0.9x^2-1=0$

$x=-25.73+0.972$

$\omega=0.986\ \text{rad/s}$

$\varphi=\arctan(0.0986)-90°-\arctan(0.1972)=-95.5°$

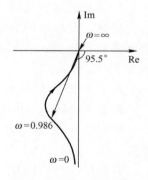

图 3-24　对应传递函数的奈奎斯特曲线

相角为 $-95.5°$，与开环频率响应相交两次。绘制奈奎斯特曲线如图 3-24 所示。

四、任务分析

若想完成该任务，首先应该求出倒立摆系统的频率特性，并且整理成幅频和相频的形式，

然后再按照频率由 $0 \to \infty$ 的变化情况来确定多个特殊点，最后连线，得到幅相频率特性。

应用 MATLAB 仿真，只需要将数学模型给出，再应用画图命令就可以画出奈奎斯特曲线了。

五、任务实施

1. 求取系统的开环频率特性

根据已知的传递函数 $G(s) = \dfrac{10}{(s+1)(0.1s+1)}$ 可以看出：该开环传递函数是由一个比例环节和两个惯性环节组成的。所以原式可以写为如下形式：

$$G(s) = 10 \cdot \frac{1}{s+1} \cdot \frac{1}{0.1s+1} = G_1(s)G_2(s)G_3(s)$$

使 $s = j\omega$

$$\begin{aligned}
原式 = G(j\omega) &= G_1(j\omega)G_2(j\omega)G_3(j\omega) = 10 \cdot \frac{1}{1+j\omega} \cdot \frac{1}{1+j \cdot 0.1\omega} \\
&= A_1(\omega)A_2(\omega)A_3(\omega) \angle [\varphi_1(\omega) + \varphi_2(\omega) + \varphi_3(\omega)] \\
&= 10 \cdot \frac{1}{\sqrt{1+\omega^2}} \cdot \frac{1}{\sqrt{1+(0.1\omega)^2}} \angle (0 - \arctan\omega - \arctan 0.1\omega)
\end{aligned}$$

2. 确定特殊点

取 ω 由 $0 \to \infty$ 中的若干个点：

当 $\omega = 0$ 时，$A(\omega) = 10$，$\psi(\omega) = 0°$；

当 $\omega = 1$ 时，$A(\omega) = 7$，$\psi(\omega) = -50.7°$；

当 $\omega = 3$ 时，$A(\omega) = 3$，$\psi(\omega) = -88°$；

当 $\omega = 6$ 时，$A(\omega) = 1.4$，$\psi(\omega) = -111.5°$；

当 $\omega = 10$ 时，$A(\omega) = 0.71$，$\psi(\omega) = -129.3°$；

当 $\omega = \infty$ 时，$A(\omega) = 0$，$\psi(\omega) = -180°$。

3. 得到频率特性图

根据以上得出的数据，在复平面上进行描点，对特殊点进行连线，可以画出该开环系统的极坐标图，如图 3-25 所示。

由图 3-25 可以看出，该系统为 0 型系统。

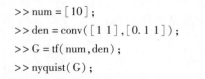

图 3-25 开环系统极坐标图

4. 应用 MATLAB 绘制奈奎斯特曲线

针对已知系统模型，接下来绘制它的奈奎斯特曲线。

首先打开 MATLAB，在命令窗口敲入如下命令：

```
>> num = [10];                        % 开环传递函数的分子系数
>> den = conv([1 1],[0.1 1]);         % 开环传递函数的分母系数，多项式相乘的形式
>> G = tf(num,den);                    % 转换为传递函数的模型
>> nyquist(G);                         % 绘制奈奎斯特图
```

根据以上命令，得到如图 3-26 所示的曲线。

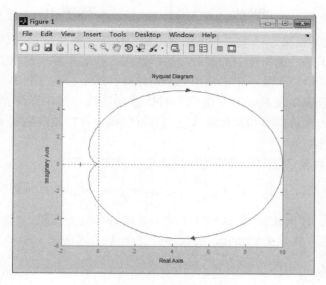

图 3-26 奈奎斯特曲线图

注意：我们手工绘制的曲线 ω 的范围是从 $0 \rightarrow +\infty$，而用 MATLAB 绘制的奈奎斯特曲线的范围是从 $-\infty \rightarrow 0 - \rightarrow 0 + \rightarrow +\infty$，这包括我们手工绘制的 $0 \rightarrow +\infty$。

任务二 倒立摆系统开环对数频率特性（伯德图）的绘制

一、任务目标

认知目标：

掌握多个环节组成的复杂系统对数频率特性曲线（伯德图）的画法。

能力目标：

能够根据给定的系统数学模型画出系统的伯德图。

二、任务描述

经过测定某倒立摆系统的开环传递函数可以近似为

$$W_k(s) = \frac{10}{s(0.5s+1)(0.05s+1)}$$

请画出倒立摆系统的对数频率特性曲线，并应用仿真软件画图，验证所画图形的正确性。

三、相关知识点

（一）基本概念：伯德定理

1）伯德第一定理指出，对数幅频特性渐近线的斜率与相角位移有对应关系。例如，对数幅频特性斜率为 $-20N\,\mathrm{dB/dec}$，对应相角位移 $-(90N)°$。在某一频率 ω_k 时的相角位移，是由整个频率范围内的对数幅频特性斜率来决定的，但是，在这一频率 ω_k 时的对数幅频特性斜率，对确定 ω_k 时的相角位移起得作用最大；离这一频率 ω_k 越远的幅频特性斜率，起得作用越小。

2）伯德第二定理指出，对于一个线性最小相位系统，幅频特性和相频特性之间的关系是唯一的。当给定了某一频率范围的对数幅频特性时，在这一频率范围的相频特性也就随之确定了。反过来说，给定了某一频率范围的相角位移，那么，这一频率范围的对数幅频特性也就确定了。可以分别给定某一频率范围的对数幅频特性和其余频率范围的相频特性，这时，这一频率范围的相角位移和其余频率范围的对数幅频特性也就确定了。

（二）方法和经验

1. 复杂系统或者复杂环节伯德图的简便画法（见图 3-27）

1）确定交接频率 ω_1，ω_2（图中 $\omega_1 = \dfrac{1}{T_1}$，$\omega_2 = \dfrac{1}{T_2}$），…，标在角频率轴 ω 上。

2）在 $\omega = 1$ 处，量出幅值 $20\lg K$，其中 K 为系统开环放大系数。（图中的 A 点）

3）通过 A 点作一条 $-20N\mathrm{dB/dec}$ 的直线，其中 N 为系统的无差阶数（图中，$N = 1$），直到第一个交接频率 $\omega_1 = \dfrac{1}{T_1}$（图中 B 点）。如果 $\omega_1 < 1$，则低频渐近线的延长线经过 A 点。

4）以后每遇到一个交接频率，就改变一次渐近线斜率。每当遇到 $\dfrac{1}{\mathrm{j}T_j\omega + 1}$ 环节的交接频率时，渐近线斜率增加 $-20\ \mathrm{dB/dec}$；每当遇到 $(\mathrm{j}T_i\omega + 1)$ 环节的交接频率时，斜率增加 $+20\ \mathrm{dB/dec}$；每当遇到 $\dfrac{\omega_n^2}{(\mathrm{j}\omega)^2 + 2\xi\omega_n\mathrm{j}\omega + \omega_n^2}$ 环节的交接频率时，斜率会增加 $-40\ \mathrm{dB/dec}$。

5）绘出用渐近线表示的对数幅频特性以后，如果需要，可以进行修正。通常只需计算出在交接频率处以及交接频率的二倍频和 $\dfrac{1}{2}$ 倍频处的幅值就可以了。对于一阶项，在交接频率处的修正值为 $\pm 3\ \mathrm{dB}$；在交接频率的二倍频和 $\dfrac{1}{2}$ 倍频处的修正值为 $\pm 1\ \mathrm{dB}$。对于二阶项，其幅值示于图 3-27 中，它们是阻尼比的函数，在交接频率处的修正值可以由此求出。

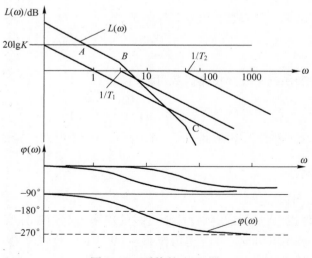

图 3-27　系统的 Bode 图

系统开环对数幅频特性 $L(\omega)$ 通过 0 dB 线，即 $L(\omega_c) = 0$ 或 $A(\omega_c) = 1$ 时的频率 ω_c 称为穿越频率。穿越频率 ω_c 是开环对数频率特性的一个很重要的参量。

在对数坐标中绘制频率特性时，先绘制各环节的频率特性，然后相加，就可以得到开环系统的频率特性。

2. 伯德图画法举例

我们已知系统的开环传递函数为 $G(s)H(s) = \dfrac{K}{(1 + T_1 s)(1 + T_2 s)}$，$T_2 < T_1$

设 $K = 10$，$T_1 = 0.5$，$T_2 = 0.25$，试绘制该系统的 Bode 图。

解：（1）用 $s = j\omega$ 代入已知系统的开环传递函数，得到系统的频率特性为

$$G(j\omega)H(j\omega) = \frac{K}{(1 + j\omega T_1)(1 + j\omega T_2)}$$

幅频特性

$$A(\omega) = 10 \cdot \frac{1}{\sqrt{1 + (0.5\omega)^2}} \cdot \frac{1}{\sqrt{1 + (0.25\omega)^2}}$$

相频特性

$$\varphi(\omega) = 0° - \arctan 0.5\omega - \arctan 0.25\omega$$

由上述特性可知系统由三个典型环节组成，即一个比例环节和两个惯性环节。两个惯性环节的转角频率分别为 $\omega_1 = 1/0.5 = 2$，$\omega_2 = 1/0.25 = 4$。

（2）绘制各环节的 Bode 图。对数幅频特性和相频特性为

$$L(\omega) = 20\lg A(\omega)$$
$$= 20\lg K + 20\lg \frac{1}{\sqrt{1 + (0.5\omega)^2}} + 20\lg \frac{1}{\sqrt{1 + (0.25\omega)^2}}$$
$$= L_1 + L_2 + L_3$$

$$\varphi(\omega) = 0° - \arctan 0.5\omega - \arctan 0.25\omega = \varphi_1 + \varphi_2 + \varphi_3$$

上述式中 L_1 为放大环节，$L_1 = 20\lg K = 20\lg 10 = 20$，相频特性 $\varphi_1 = 0$，其对数幅频特性的 Bode 图是幅值为 20 dB 的水平线。L_2 是转折频率 $\omega_1 = 2$ 的惯性环节，对数幅频特性和相频特性为 $L_2 = -20\lg \sqrt{1 + (0.5\omega)^2}$，$\varphi_2 = -\arctan 0.5\omega$。Bode 图的渐近线在 $\omega_1 \ll 2$ 时，$L_2 = 0$，为 0 dB 直线；在 $\omega_1 = 2$ 时，$L_2 = -20\lg 0.5\omega$，是一条斜率为 -20 dB/dec 的直线，相交于 $\omega_1 = 2$，此时 $\varphi_2 = -45°$。L_3 是转折频率 $\omega_1 = 4$ 的惯性环节，对数幅频特性和相频特性为 $L_3 = -20\lg \sqrt{1 + (0.25\omega)^2}$，$\varphi_3 = -\arctan 0.25\omega$。Bode 图的渐近线在 $\omega_2 \ll 4$ 时为 0 dB 直线，在 $\omega_2 = 4$ 时是一条斜率为 -20 dB/dec 的直线，相交于 $\omega_2 = 4$，此时 $\varphi_3 = -45°$。

按典型环节的方法，分别绘制各个环节对数幅频特性的渐近线和相频特性图，如图 3-28 中虚线所示。最后将各对数幅频特性和相频特性图相加得到系统的 Bode 图，如图 3-28 中实线所示。

四、任务分析

若想完成该任务，首先应该求出该系统的频率特性，并且整理成幅频和相频的形式，然后再求出系统的对数幅频和相频的表示形式，根据典型环节的对数频率特性的画法，画出各个环节的对数幅频渐近线，之后叠加，对数相频也是采用叠加方法进行确定。

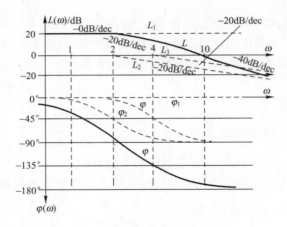

图 3-28　开环系统 Bode 图

应用 MATLAB 仿真，只需要将数学模型给出，再应用画图命令就可以画出奈奎斯特曲线了。

五、任务实施

1. 求取系统的开环频率特性

根据已知的开环传递函数 $W_k(s) = \dfrac{10}{s(0.5s+1)(0.05s+1)}$ 可以看出：该开环传递函数是由一个比例环节、一个积分环节和两个惯性环节组成的，所以原式可以写为如下形式：

$$G(s) = 10 \cdot \frac{1}{s} \cdot \frac{1}{0.5s+1} \cdot \frac{1}{0.05s+1} = G_1(s)G_2(s)G_3(s)G_4(s) \tag{3-62}$$

令 $s = j\omega$

$$原式 = G(j\omega) = G_1(j\omega)G_2(j\omega)G_3(j\omega)G_4(j\omega) \tag{3-63}$$

$$= 10 \cdot \frac{1}{j\omega} \cdot \frac{1}{0.5j\omega+1} \cdot \frac{1}{0.05j\omega+1}$$

$$= A_1(\omega)A_2(\omega)A_3(\omega)A_4(\omega) \angle [\varphi_1(\omega)\varphi_2(\omega)\varphi_3(\omega)\varphi_4(\omega)]$$

$$= A_1(\omega)e^{j\varphi_1(\omega)}A_2(\omega)e^{j\varphi_2(\omega)}A_3(\omega)e^{j\varphi_3(\omega)}A_4(\omega)e^{j\varphi_4(\omega)}$$

上述式（3-63）中

$$
\begin{aligned}
A(\omega) &= A_1(\omega)A_2(\omega)A_3(\omega)A_4(\omega) \\
&= K\frac{1}{\omega}\frac{1}{\sqrt{(T_1\omega)^2+1}}\frac{1}{\sqrt{(T_2\omega)^2+1}} \\
&= K\frac{1}{\omega}\frac{1}{\sqrt{1+0.25\omega^2}}\frac{1}{\sqrt{1+0.025\omega^2}}
\end{aligned}
\tag{3-64}
$$

$$
\begin{aligned}
\varphi(\omega) &= \varphi_1(\omega)\varphi_2(\omega)\varphi_3(\omega)\varphi_4(\omega) \\
&= -90° - \arctan 0.5\omega - \arctan 0.05\omega
\end{aligned}
\tag{3-65}
$$

2. 求取系统的对数幅频特性

$$L(\omega) = 20\lg A(\omega) = 20\lg 10 - 20\lg\omega - 20\lg\sqrt{(0.5\omega)^2+1} - 20\lg\sqrt{(0.05\omega)^2+1}$$

第一个分量 $L_1(\omega) = 20\lg 10 = 20$ 是比例环节，为平行于横轴的一条直线。

第二个分量 $L_2(\omega) = -20\lg\omega$ 是积分环节，为 -20 dB/dec 的一条直线，在 $\omega = 1$ 时通过 0 dB线。

第三和第四个分量 $L_3(\omega) = -20\lg\sqrt{(0.5\omega)^2+1}$ 和 $L_4(\omega) = -20\lg\sqrt{(0.05\omega)^2+1}$ 均为惯性环节，交接频率分别为 $\omega_1 = \dfrac{1}{0.5} = 2$ 和 $\omega_2 = \dfrac{1}{0.05} = 20$。

3. 求取系统的对数相频特性（见图3-29）

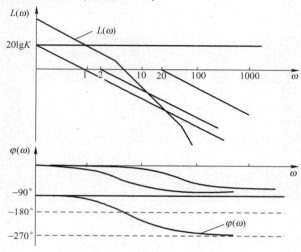

图3-29　系统的对数相频特性

4. 仿真实现

在命令窗口敲入如下命令：

```
num = 2;                         % 传递函数分子系数
den = [0.025 0.55 1 0];         % 传递函数分母系数
w = logspace( -1,2);            % 在两个十进制数10⁻¹和10²之间产生一个由50个点组成的
                                   矢量,这50个点彼此在对数上有相等的距离
[mag,pha] = bode(num,den,w);
magdB = 20 * log10(mag);        % 把幅值转变成分贝
subplot(211);
semilogx(w,magdB);             % 半对数坐标图命令
gridon;                         % 绘制网络
title('Bode Diagram');          % 标题
xlabel('Frequency(rad/sec)');   % 横轴
ylabel('Gain dB');              % 纵轴
subplot(212);
semilogx(w,pha);
gridon;
xlabel('Frequency(rad/sec)');
ylabel('phase deg')
```

得到曲线如图3-30 所示。

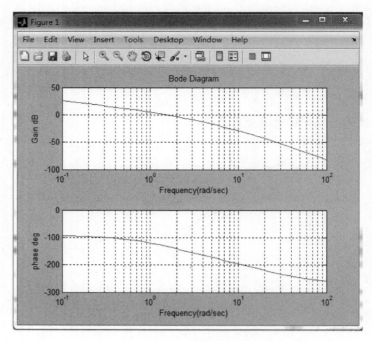

图 3-30　系统 Bode 图

任务三　应用频率法分析倒立摆系统的稳定性

一、任务目标

认知目标：

1. 掌握多个环节组成的复杂系统的对数频率特性曲线的画法；
2. 掌握应用奈奎斯特稳定判据判定系统稳定性的方法；
3. 了解应用奈奎斯特判据分析系统稳定性的另外一种表示方式。

能力目标：

能够根据给定的系统数学模型绘制奈奎斯特曲线，并应用曲线判定系统的稳定性。

二、任务描述

经测定某倒立摆系统的数学模型近似为 $W_k(s) = \dfrac{10}{s(0.5s+1)(0.05s+1)}$，判定该系统的稳定性，并应用仿真软件验证结论的正确性。

三、相关知识点

（一）基本概念

1. 奈奎斯特稳定判据定理

定理：当 ω 从 $-\infty \sim \infty$ 变化时，在 $W_k(j\omega)$ 平面上奈氏曲线绕 $(-1, j0)$ 点逆时针旋转的周数为 N，则有

$$Z = P - N$$

其中 Z 为闭环系统在 s 右半平面的极点个数，P 为开环系统在 s 右半平面的极点个数。显然，如果经过计算 Z 不等于零的话，那么闭环系统就一定是不稳定的。

具体描述为：如果开环系统是稳定的，即 $P=0$，则其闭环系统稳定的充分必要条件是 $W_k(j\omega)$ 曲线不包围 $(-1, j0)$ 点；如果开环系统不稳定，且已知有 P 个开环极点在 s 右半平面，则其闭环系统稳定的充要条件是 $W_k(j\omega)$ 曲线按逆时针方向围绕 $(-1, j0)$ 点旋转 P 周。该定理又称为奈氏稳定判据。

显然，用奈氏稳定判据判定闭环系统稳定性时，首先要知道 P 是多少，画出 $W_k(j\omega)$ 曲线，找出其围绕 $(-1, j0)$ 点逆时针旋转多少圈，求出 N；然后再根据奈氏稳定判据求出 Z 是否为零，Z 为零时系统稳定，Z 不为零时系统不稳定。

2. 奈奎斯特稳定判据定理的推论

应用对数频率特性判断闭环系统的稳定性：如果系统开环传递函数的极点全部位于 s 左半平面，即 $P=0$，则在 $L(\omega)$ 大于 0 dB 的所有频段内，对数相频特性与 $-\pi$ 线正穿越和负穿越次数之差为 0 时，闭环系统是稳定的；否则，闭环系统是不稳定的。如果系统开环传递函数有 P 个极点在 s 右半平面，则在 $L(\omega)$ 大于 0 dB 的所有频段内，对数相频特性与 $-\pi$ 线正穿越和负穿越次数之差为 $P/2$ 时，闭环系统是稳定的；否则，闭环系统是不稳定的。

（二）方法和经验

奈氏稳定判据判稳举例

1）已知奈奎斯特曲线如图 3-31 所示，其中 $K>1$，极点个数 $P=1$，判断该系统是否稳定。

解：因为 $K>1$，曲线逆时针包围 $(-1, j0)$ 点一圈，即 $N=1$，故 $Z=P-N=1-1=0$，闭环系统稳定。

2）已知奈奎斯特曲线如图 3-32，其中 $K>1$，极点个数 $P=0$，在 $0<\omega<\infty$ 区段：最小相位系统从始点顺时针方向趋于原点，判断该系统是否稳定。

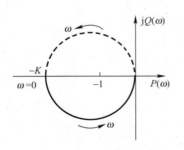 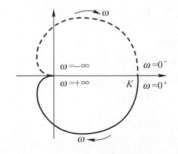

图 3-31　奈奎斯特曲线　　　　图 3-32　系统奈奎斯特图

由图 3-32 可以看出，在 ω 由 $0^+ \sim +\infty$ 的范围内，不包围点 $(-1, j0)$，故 $Z=P-N=0-0=0$，闭环系统稳定。

四、任务分析

若想完成该任务，首先应该求出该系统的频率特性，画出奈奎斯特曲线，然后应用系统的奈奎斯特稳定判据进行系统的稳定性分析。为了验证结论的正确性，还可以用系统的频域判据推论，即画出系统的伯德图，然后应用系统的奈奎斯特稳定判据的推论来进行验证；之后应用 MATLAB 的仿真功能，对系统加上单位阶跃输入，应用示波器观察系统的输出，再次进行验证。

五、任务实施

1. 求取系统的开环频率特性

根据已知的传递函数 $\dfrac{10}{s(0.5s+1)(0.05s+1)}$ 可以看出：该开环传递函数是由一个比例环节、一个积分环节和两个惯性环节组成的，所以原式可以写为如下形式：

$$G(s) = 10 \cdot \frac{1}{s} \cdot \frac{1}{0.5s+1} \cdot \frac{1}{0.05s+1} = G_1(s)G_2(s)G_3(s)G_4(s) \tag{3-66}$$

令 $s = j\omega$

$$原式 = G(j\omega) = G_1(j\omega)G_2(j\omega)G_3(j\omega)G_4(j\omega) \tag{3-67}$$

$$= 10 \cdot \frac{1}{j\omega} \cdot \frac{1}{0.5j\omega+1} \cdot \frac{1}{0.05j\omega+1}$$

$$= A_1(\omega)e^{j\varphi_1(\omega)}A_2(\omega)e^{j\varphi_2(\omega)}A_3(\omega)e^{j\varphi_3(\omega)}A_4(\omega)e^{j\varphi_4(\omega)}$$

上述式（3-67）中

$$A(\omega) = A_1(\omega)A_2(\omega)A_3(\omega)A_4(\omega)$$

$$= K\frac{1}{\omega}\frac{1}{\sqrt{(T_1\omega)^2+1}}\frac{1}{\sqrt{(T_2\omega)^2+1}} \tag{3-68}$$

$$= K\frac{1}{\omega}\frac{1}{\sqrt{1+0.25\omega^2}}\frac{1}{\sqrt{1+0.025\omega^2}}$$

$$\varphi(\omega) = \varphi_1(\omega)\varphi_2(\omega)\varphi_3(\omega)\varphi_4(\omega) \tag{3-69}$$

$$= -90° - \arctan0.5\omega - \arctan0.05\omega$$

2. 求取系统的幅相频率特性

打开 MATLAB，在命令窗口中输入命令：

>> num = [10];
>> den = [0.025,0.55,1,0];
>> G = tf(num,den);
>> nyquist(G);

得到奈奎斯特曲线如图 3-33 所示。

3. 应用奈奎斯特曲线判定系统的稳定性

根据奈奎斯特稳定判据，来分析我们得到的曲线（如图 3-33），当 ω 从 $-\infty \rightarrow +\infty$ 变化时，在 $G_k(j\omega)$ 平面上的奈奎斯特曲线逆时针包围（-1，j0）点的圈数 $N=0$，$G_k(s)$ 在 s 右半平面上没有极点，那么极点个数 $P=0$，根据奈氏判据 $Z=P-N$ 可知，我们所计算的系统 $Z=0$，所以说这个系统是稳定的。

4. 画出系统的伯德图

打开 MATLAB 软件，在命令窗口中输入命令：

>> num = [10];
>> den = [0.025,0.55,1,0];
>> w = logspace(-2,3,100);   % 指定频率范围

```
>>bode(num,den,w);                    %绘制伯德图
>>grid;                               %绘制网络
```

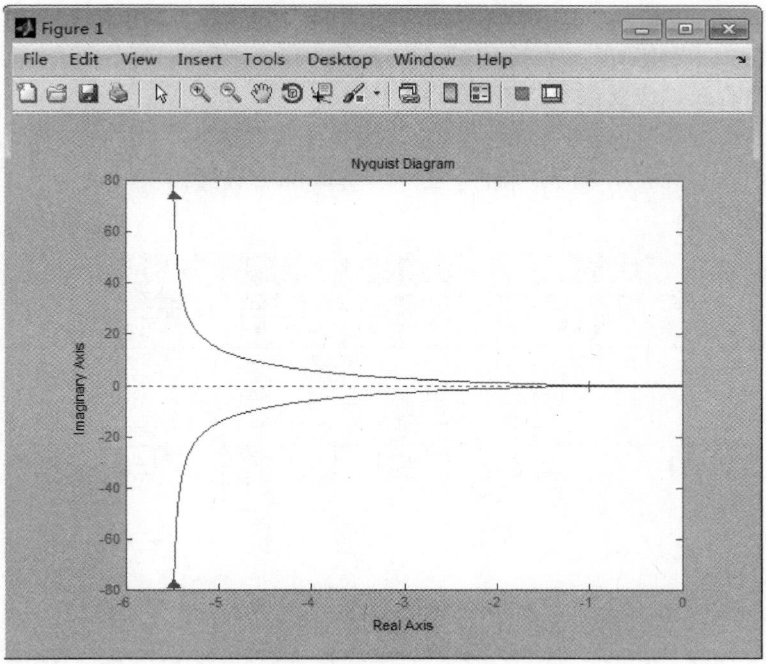

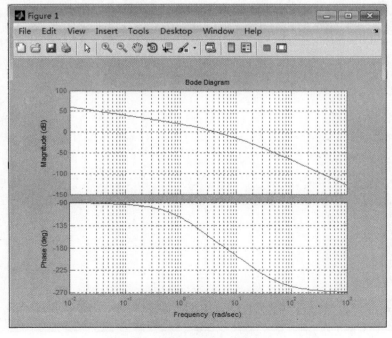

图3-33　已知函数的奈奎斯特曲线

得到伯德图如图3-34所示。

图3-34　已知系统的伯德图

5. 应用对数奈氏稳定判据判断系统的稳定性

当开环是稳定的，闭环中当 ω 由 $0 \to +\infty$ 变化时，在对数幅频特性 $L(\omega) > 0$ 的区域，根据我们已经得到的曲线来看，其相对应的对数相频特性 $\varphi(\omega)$ 与 $-180°$ 线正、负穿越次数之差为零，所以说这个闭环系统是稳定的。

6. 应用单位阶跃响应曲线判断系统的稳定性

应用 MATLAB 仿真软件建立系统模型并加上单位阶跃输入，观察响应曲线的收敛趋势，判断系统的稳定性。打开 MATLAB 软件，打开 Simulink，选择模块并且连线，模块模拟结构图如图 3–35 所示。

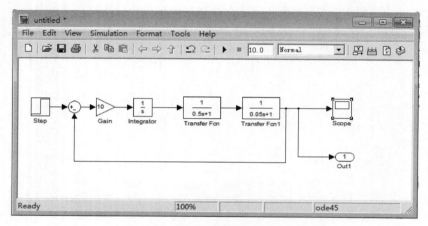

图 3–35　模块模拟结构图

得到的仿真曲线如图 3–36 所示。

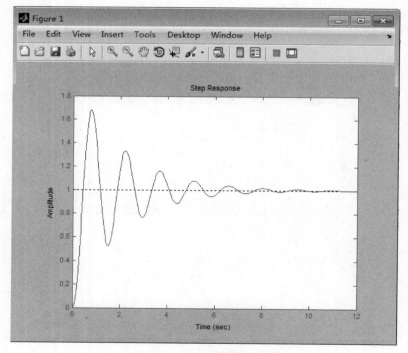

图 3–36　Simulink 仿真曲线图

由仿真曲线可以看出，随着时间的推移，到 10 s 的时候，系统的输出已经不再变化，而是呈现一个稳定的状态，由此可以看出这里的控制系统是稳定的。

任务四　频率法中倒立摆系统稳定裕量的计算

一、任务目标

认知目标：

1. 掌握稳定裕量的定义和求取方法；
2. 掌握幅值穿越频率和相位穿越频率的概念。

能力目标：

1. 能够根据给定的系统开环传递函数数学模型求取系统的稳定裕量；
2. 能够根据稳定裕量判断系统的稳定性；
3. 能够根据稳定裕量分析系统的暂态性能。

二、任务描述

经过测定某倒立摆系统的开环传递函数数学模型可近似为

$$W_k(s) = \frac{10(0.1s+1)}{s^2(T_1 s+1)}$$

判断能使系统稳定的参数 T_1 的取值范围，并应用单位阶跃响应曲线判断结论的正确性，求取当 $T=0.01$ 时系统距离稳定有多大的裕量。

三、相关知识点

（一）基本概念

1. 幅值穿越频率

幅值穿越频率叫作截止频率，也叫穿越频率。

穿越频率 ω_c：开环对数幅频特性 $L(\omega)$ 通过 0 dB 线时的频率值为

$$L(\omega_c) = 0 \text{ 或 } A(\omega_c) = 1$$

2. 相位穿越频率

当幅相频率特性曲线与 $-180°$ 相交时，或者当对数相频特性与 $-180°$ 线相交时，对应的频率值就是相位穿越频率，如图 3-37 所示。

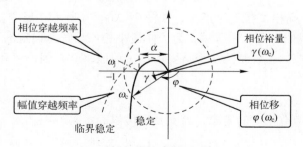

图 3-37　稳定裕度图形表示

3. 稳定裕度

在频域法中通常用相位裕度和增益裕度这两个量来表示系统的相对稳定性。

4. 相位裕度

一般，以 $|W_k(jw_c)|=1$ 或 $L(\omega_c)=20\lg A(\omega_c)=0$ dB 时，相位移 $\varphi(\omega_c)$ 距离 $-180°$ 的角度值来衡量系统的相对稳定性，并以 $\gamma(\omega_c)$ 或 PM 来表示这个角度，称为相位裕度、相位裕量或相角裕量。

5. 增益裕度

在相角位移 $\varphi(\omega)=-180°$ 时的频率 ω_j 称为相位截止频率；在 $\omega=\omega_j$ 时，幅相频率特性的幅值 $|W_k(j\omega_j)|$ 的倒数称为系统的增益裕度（或称幅值裕度），记作 GM，如图 3-38 所示。

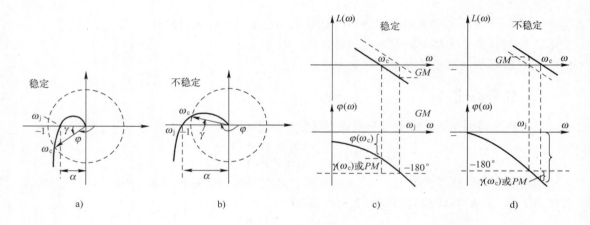

图 3-38 稳定裕度

（二）理论推导

1. 相位裕度的求法

如果开环传递函数没有极点位于 s 右半平面，那么，闭环系统稳定的充要条件是：开环系统幅相频率特性不包围 $(-1, j0)$ 这一点，即在开环幅相特性的幅值 $|W_k(j\omega_c)|=1$ 时，相角位移 $\varphi(\omega_c)$ 应大于 $-180°$，如图 3-38a、b 所示。

相角位移 $\varphi(\omega)$ 是从正实轴算起，顺时针方向取为负。而相位裕度 $\gamma(\omega_c)$ 是从负实轴算起，规定逆时针方向为正、顺时针方向为负。这样相位裕度 $\gamma(\omega_c)$ 和相角位移有如下关系：

$$\gamma(\omega_c)=180°+\varphi(\omega_c)$$

如果 $\gamma(\omega_c)>0$，则相位裕度为正值，如图 3-38a、b 所示。反之，如果 $\gamma(\omega_c)<0$，则相位裕度为负值，如图 3-38c、d 所示。为了使最小相位系统是稳定的，$\gamma(\omega_c)$ 必须为正值。

相位裕度是设计控制系统时的一个重要依据。后面将会看到，它和系统动态特性的等效阻尼比有密切联系。

2. 增益裕度的求法

前面已经介绍了增益裕度的概念，增益裕度可以表示为 GM：

$$GM=\frac{1}{|W_k(j\omega_j)|}=\frac{1}{a}$$

如果以分贝表示增益裕度，则有

$$GM = 20\lg \frac{1}{a} = -20\lg a\, dB$$

当 $a < 1$ 时，增益裕度的分贝数为正值；当 $a > 1$ 时，增益裕度的分贝数为负值。对于最小相位系统，增益裕度的分贝数为正表示闭环系统是稳定的，分贝数为负表示系统是不稳定的。

对于稳定的最小相位系统，增益裕度指出了在相位移等于 $-180°$ 的频率 ω_j 点处，使闭环系统达到稳定边界，允许幅值增加的倍数；对于不稳定的最小相位系统，增益裕度指出了使闭环系统达到稳定边界，幅值应减小的倍数。

适当的相位裕度和增益裕度，可以防止系统中元件的参数和特性在工作过程中发生变化从而对系统稳定性产生不良的影响。一般情况下，为使系统有满意的性能，相位裕度应在 $30° \sim 60°$ 之间，而增益裕度应大于 $6\, dB$。

对于最小相位系统，开环对数幅频特性和相频特性之间有确定的对应关系。要求相位裕度在 $30° \sim 60°$ 之间，意味着开环对数幅频特性在穿越频率 ω_c 上的斜率应大于 $-40\, dB/dec$，且具有一定的宽度。在大多数实际情况中，为了保证系统稳定，要求在 ω_c 上的斜率为 $-20\, dB/dec$。

（三）方法和经验

稳定裕度求法举例

已知开环传递函数为 $W_k = \dfrac{10(0.1s+1)}{s^2(T_1 s + 1)}$，$K > 0$，求 $K = 1$ 时的稳定裕度，即增益裕量 s 和相角裕量 $(-1, j0)$。

解：增益裕量的计算：

$$\varphi(\omega_g) = 90° - \arctan(0.2\omega_g) - \arctan(0.05\omega_g) = -180°$$

$$\arctan(0.2\omega_g) + \arctan(0.05\omega_g) = 90°$$

$$\frac{0.2\omega_g + 0.05\omega_g}{1 - 0.2\omega_g \times 0.05\omega_g} = \infty \Rightarrow \omega_g = 10$$

$$L(\omega_g) = 20\lg \frac{1}{\omega_g \sqrt{[1 + (0.2\omega_g)^2][1 + (0.05\omega_g)^2]}}$$

$$g_m = -L(\omega_g) = -28\, dB$$

相角裕量的计算：

$$\frac{1}{\omega_c \sqrt{[1 + (0.2\omega_c)^2][1 + (0.05\omega_c)^2]}} = 1 \Rightarrow \omega_c = 0.98$$

$$\varphi(\omega_c) = -90° - \arctan(0.2\omega_c) - \arctan(0.05\omega_c) = -103.89°$$

$$\gamma = 180° + \varphi(\omega_c) = 76.11°$$

四、任务分析

若想完成该任务，有两种方法：第一种是应用我们在情景二中学习过的劳斯判据，通过列写劳斯列表来进行判断；第二种是应用奈奎斯特稳定判据通过画奈奎斯特曲线来求取。若想求取系统的稳定裕量，必须掌握系统稳定裕量的计算方法。

五、任务实施

1. 应用劳斯判据的方法进行参数范围求取

开环传递函数为

$$W_k(s) = \frac{10(0.1s+1)}{s^2(T_1 s+1)}$$

则系统的闭环传递函数为

$$W_b(s) = \frac{s+10}{T_1 s^3 + s^2 + s + 10}$$

所以得特征方程为 $T_1 s^3 + s^2 + s + 10 = 0$

列劳斯表

s^3	T_1	1
s^2	1	10
s^1	$-10T_1 + 1$	
s^0	1	0

由于系统是稳定的，那么劳斯表中的第一列的系数全部是正数，则 $|W_k(jw_c)| = 1$，解得 $0 \leq T_1 \leq 0.1$。

2. 应用奈氏判据判稳

由劳斯判据法可知，参数 T_1 在 $[0, 0.1]$ 范围内选取系统就是稳定的，直到 $T_1 = 0.1$，系统变得临界稳定，下面分别选取 $T_1 = 0.01$、0.1 及 0.5 三个数据进行奈奎斯特曲线的绘制，验证劳斯判据的结论。

1）当 $T_1 = 0.01$ 时，奈奎斯特曲线如图 3-39 所示。

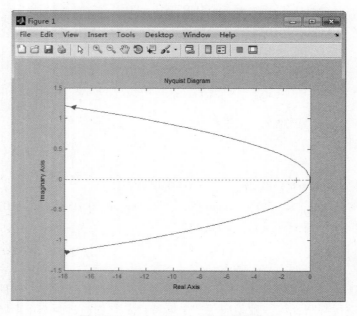

图 3-39　$T_1 = 0.01$ 时，奈奎斯特曲线

由图形可知，得到的是 $0_+ \rightarrow +\infty$ 范围内的曲线，如果将曲线补全可以得到曲线不包围（-1, j0）点，由奈奎斯特定理可知系统是稳定的。

2）当 $T_1 = 0.1$ 时，奈奎斯特曲线如图 3-40 所示。

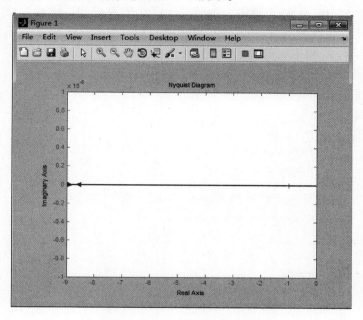

图 3-40 $T_1 = 0.1$ 时，奈奎斯特曲线

由图形可知，曲线正好穿过（-1, j0）点，此时系统处于临界稳定状态。

3）当 $T_1 = 0.5$ 时，奈奎斯特曲线如图 3-41 所示。

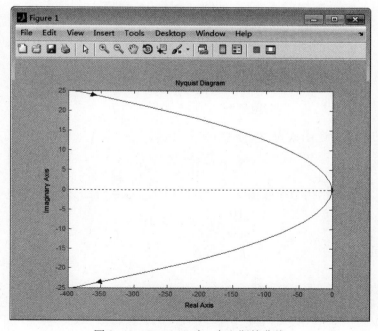

图 3-41 $T_1 = 0.5$ 时，奈奎斯特曲线

由图形可知，补全曲线可得，曲线包围（－1，j0）点，所以系统不稳定。

从以上三条曲线可以看出，当系统 $T_1 = 0.1$ 时，奈氏曲线恰好经过（－1，j0）点，系统处于临界稳定状态，而在小于 0.1 的范围内系统都是稳定的，当大于 0.1 时，系统就不稳定了。那么当 T_1 在 [0，0.01] 范围内取值时，哪个值对应的系统相对稳定性更强呢？很显然从奈氏曲线上看，谁距离（－1，j0）点远谁的相对稳定性就越强。

3. 求取当 $T = 0.01$ 时系统的稳定裕量

（1）绘制系统 Bode 图（见图 3-42）

```
Num = [1 10];
Den = [0.01 1 0 0];
G = tf(num,den);
Bode(G);
Grid on
```

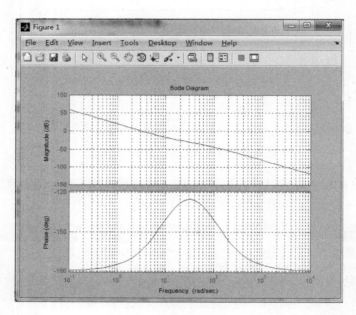

图 3-42　绘制系统 Bode 图

（2）系统的开环传递函数为

$$W_k = \frac{10(0.1s+1)}{s^2(0.01s+1)}$$

由图形可以看出穿越频率在低频段，所以可简化求取系统的穿越频率得

$$\frac{10}{\omega_c^2} \approx 1，\omega_c = 3.16$$

稳定裕量为

$$\gamma(\omega_c) = 180° + \varphi(\omega_c)$$

根据系统传递函数

$$\varphi(\omega_c) = \arctan 0.1\omega_c - 180° - \arctan 0.01\omega_c$$

所以，当 $\omega_c = 3.16$ 时，$T_1 = 0.01$ 时，稳定裕量为

$$\gamma(\omega_c) = 17.5° - 1.72° = 15.78°$$

同理，当 $T_1 = 0.1$ 时，$\gamma(\omega_c) = 180° + \varphi(\omega_c)$

$$= 180° + (\arctan 0.1\omega_c - 180° - \arctan 0.1\omega_c) = 0$$

当 $T_1 = 0.5$ 时，$\gamma(\omega_c) = 180° + \varphi(\omega_c)$

$$= 180° + (\arctan 0.1\omega_c - 180° - \arctan 0.5\omega_c) = -40.13°$$

由此得出，相位裕量大于零时，系统是稳定的。

4. 应用 Simulink 建模，进行仿真曲线比较

分别选取 $T_1 = 0.01$、0.1 及 0.5：

1）当 $T_1 = 0.01$ 时，系统的模型如图 3-43 所示。

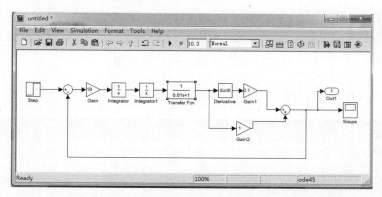

图 3-43　系统的 Simulink 模型

2）当 $T_1 = 0.01$ 时，系统的单位阶跃响应如图 3-44 所示。

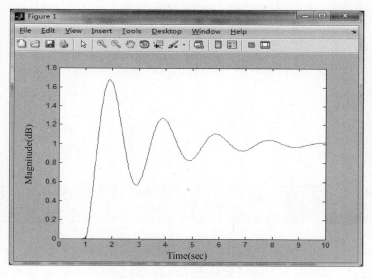

图 3-44　系统的单位阶跃响应

由图 3-44 可知，当 $T_1 = 0.01$ 时，系统经振荡最终趋于平稳，所以系统是稳定的。

3）当 $T_1 = 0.1$ 时，系统的模型如图 3-45 所示。

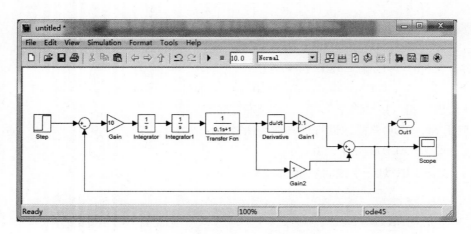

图 3-45　系统的 Simulink 模型

4）当 $T_1 = 0.1$ 时，系统的单位阶跃响应如图 3-46 所示。

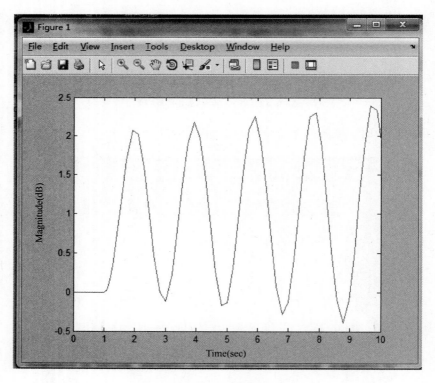

图 3-46　系统的单位阶跃响应

由图 3-46 可知，当 $T_1 = 0.1$ 时，系统处于等幅振荡状态，所以系统是临界稳定的。

5）当 $T_1 = 0.5$ 时，系统的模型如图 3-47 所示。

6）当 $T_1 = 0.5$ 时，系统的单位阶跃响应如图 3-48 所示。

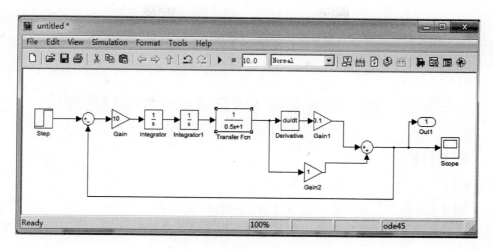

图 3-47　系统的 Simulink 模型

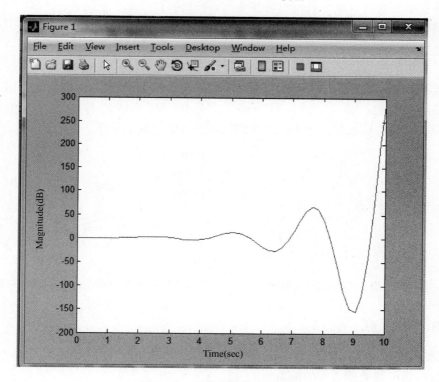

图 3-48　系统的单位阶跃响应

由图 3-48 可知，当 $T_1 = 0.5$ 时，系统阶跃响应曲线呈发散状，所以系统是不稳定的。

结论：当 $T_1 = 0.01$ 时，如图 3-39 所示，得到的是 $0_+ \rightarrow +\infty$ 范围内的曲线，如果将曲线补全，可以得到曲线不包围 $(-1, \text{j}0)$ 点，由奈奎斯特定理可知系统是稳定的；由图 3-44 可知，当 $T_1 = 0.01$ 时，系统经振荡最终趋于平稳，所以系统是稳定的。

当 $T_1 = 0.1$ 时，由图 3-44 所示的奈奎斯特曲线可知，曲线正好穿过 $(-1, \text{j}0)$ 点。此时系统处于临界稳定状态。由图 3-46 可知，当 $T_1 = 0.1$ 时，系统处于等幅振荡状态，所以系统是临界稳定的。

当 $T_1 = 0.5$ 时，得到图 3-41 所示的奈奎斯特曲线，补全曲线可得，曲线包围 $(-1, j0)$ 点，所以系统不稳定。由图 3-48 可知，当 $T_1 = 0.5$ 时，系统阶跃响应曲线呈发散状，所以系统是不稳定的。

任务五　应用对数幅频特性分析倒立摆系统的性能

一、任务目标

认知目标：
1. 掌握对数幅频特性各频段同数学模型中的哪些环节相关；
2. 掌握对数幅频特性各频段改变斜率和高度对系统性能的影响。

能力目标：
1. 能够根据给定的系统对数幅频特性分析系统的性能；
2. 能够根据给定的最小相位系统的对数幅频特性写出系统的开环传递函数。

二、任务描述

经过测定，某倒立摆系统对数幅频特性渐近线如图 3-49 所示，请根据该折线写出系统对应的开环传递函数。另外，测定另一倒立摆系统开环系统的对数幅频特性渐进线如图 3-50 所示，试分析该系统三个不同的频段同系统性能之间的关系。

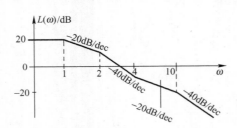
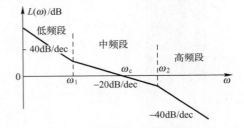

图 3-49　倒立摆系统的对数幅频特性　　　　图 3-50　另一倒立摆系统对应的 Bode 图

三、相关知识点

(一) 理论推导

1. 相位裕量和超调量之间的关系

下面以二阶系统为例进行说明，这种系统比较简单并具有典型意义。

二阶系统闭环传递函数的标准形式

$$W_b(s) = \frac{\omega_n^2}{s^2 + 2\xi\omega_n s + \omega_n^2}$$

由此可求得二阶系统的开环传递函数为

$$W_k(s) = \frac{\omega_n^2}{s(s + 2\xi\omega_n)} = \frac{\omega_n}{2\xi s\left(\dfrac{1}{2\xi\omega_n} + 1\right)}$$

求穿越频率 ω_n 和 ξ 之间的关系。由 $\omega = \omega_c$ 时 $A(\omega_c) = 1$ 这一条件得

$$A(\omega_c) = \frac{\omega_n^2}{\omega_c\sqrt{\omega_c^2 + (2\xi\omega_n)^2}} = 1$$

即

$$\omega_c^4 + 4\xi^2\omega_n^2\omega_c^2 = \omega_n^4$$

求解得到：

$$\omega_c = \sqrt{-2\xi^2 + \sqrt{4\xi^4 + 1}}\,\omega_n \qquad (3-70)$$

有了 ω_c 和 ξ 的关系，就可以求得相位裕度 $\gamma(\omega_c)$ 和 ξ 的关系。在 $\omega = \omega_c$ 时的相角位移为

$$\varphi(\omega_c) = -\frac{\pi}{2} - \arctan\frac{\omega_c}{2\xi\omega_n}$$

相位裕度为

$$\gamma(\omega_c) = \frac{\pi}{2} - \arctan\frac{\omega_c}{2\xi\omega_n} = \arctan\frac{2\xi\omega_n}{\omega_c} \qquad (3-71)$$

将式（3-70）代入式（3-71），得

$$\gamma(\omega_c) = \arctan\frac{2\xi}{\sqrt{-2\xi^2 + \sqrt{4\xi^4 + 1}}} \qquad (3-72)$$

这就是相位裕度 $\gamma(\omega_c)$ 这一频率特性指标和阻尼比 ξ 这一系统特征参数之间的关系。

2. 相位裕度和调节时间之间的关系

仍然以二阶系统为例进行说明。对于二阶系统，已经求得相位裕度 $\gamma(\omega_c)$ 和阻尼比 ξ 之间的关系：

$$\gamma(\omega_c) = \arctan\frac{2\xi}{\sqrt{-2\xi^2 + \sqrt{4\xi^4 + 1}}}$$

调节时间 t_s 的近似表达式为

$$t_s \approx \frac{3}{\xi\omega_n} \qquad \xi < 0.9 \qquad (3-73)$$

将式（3-73）代入得

$$t_s\omega_c = \frac{3}{\xi}\sqrt{-2\xi^2 + \sqrt{4\xi^4 + 1}} \qquad (3-74)$$

由此可以得到

$$t_s\omega_c = \frac{6}{\tan\gamma(\omega_c)}$$

这是二阶系统 $t_s\omega_c$ 与 $\gamma(\omega_c)$ 之间的关系。

（二）方法和经验

1. 相位裕度和阻尼比之间的关系曲线

根据 $\gamma(\omega_c) = \arctan\dfrac{2\xi}{\sqrt{-2\xi^2 + \sqrt{4\xi^4 + 1}}}$ 这个

关系可绘成曲线，如图 3-51 中实线所示。为了应用方便，这个曲线在一定范围内可以近似认为是直线，如图中虚线所示。这个直线可以表示为

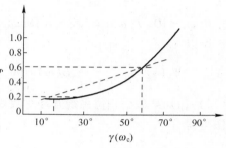

图 3-51　$\gamma(\omega_c)$ 与 ξ 的关系

$\gamma(\omega_c) = 100\xi$。

这表明 ξ 越大，$\gamma(\omega_c)$ 也越大，并且 ξ 每增加 0.1，则 $\gamma(\omega_c)$ 增加 10^0。

超调量和系统阻尼比之间的关系为

$$\sigma\% = e^{-\frac{\pi\xi}{\sqrt{1-\xi^2}}} \times 100\% \tag{3-75}$$

将式（3-72）和式（3-75）绘制在同一图上，根据给定的相位裕度 $\gamma(\omega_c)$，可以由曲线直接查动态特性的最大超调量 $\sigma\%$，如图 3-52 所示。

2. 相位裕度和调节时间之间的关系曲线

根据理论推导，已知相位裕度和调节时间之间的关系为 $t_s\omega_c = \dfrac{6}{\tan\gamma(\omega_c)}$，这个关系绘制成曲线如图（3-53）所示。

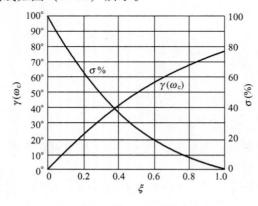

图 3-52　$\gamma(\omega_c)$ 与 $\sigma\%$ 的关系

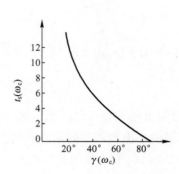

图 3-53　$t_s\omega_c$ 与 $\gamma(\omega_c)$ 的关系

由二阶系统可以看出，调节时间与相位裕度有关。如果有两个系统，它们的相位裕度相同，那么它们的超调量大致是相同的，但它们的动态过程时间与 ω_c 成反比。穿越频率 K 越大的系统，调节时间越短。所以 $20\lg K = 20$ 在对数频率特性中是一个重要的参数，它不仅影响系统的相位裕度，也影响系统的动态过程时间。

3. 折线图求取传递函数举例

1）已知某最小相位系统开环对数幅频特性如图 3-54 所示，求取其传递函数。

由图可知：

$$W_k(s) = \frac{k_k s}{T_1 s + 1}, \text{ 其中 } T_1 = 0.01$$

由 $\omega_c = 10$，$L(\omega_c) = 20\lg k_k + 20\lg\omega_c = 0$，得 $k_k = 0.1$

所以

$$W_k(s) = \frac{0.1s}{0.01s + 1}, \varphi(\omega) = 90° - \arctan0.01\omega$$

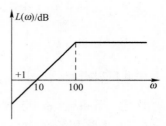

图 3-54　某最小相位系统
开环对数幅频特性

2）已知某最小相位系统开环对数幅频特性如图 3-55 所示，求取其传递函数。
由图可得

$$W_k(s) = \frac{k_k s}{(T_1 s + 1)(T_2 s + 1)^2}$$

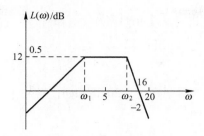

图 3-55　某最小相位系统开环对数幅频特性

$\omega_{c_1} = 0.5$ 时，$L(\omega_{c_1}) \approx 20\lg k_k + 20\lg\omega_{c_1} = 0$，所以 $k_k = 2$。

由 $20\lg2 + 20\lg\omega_1 = 20\lg2\omega_1 = 12$，得 $\omega_1 = \dfrac{1}{2} \times 10^{\frac{12}{20}} \approx 2$，$T_1 = \dfrac{1}{\omega_1} = 0.5$

当 $\omega = \omega_{c_2} = 16$ 时

$$L(\omega) \approx 20\lg2 + 20\lg\omega - 20\lg0.5\omega - 40\lg T_2\omega = 0$$

即 $\dfrac{2 \times 16}{0.5 \times 16 \times (T_2 \times 16)^2} = 1$，所以 $T_2 = \dfrac{1}{8} = 0.125$

由以上计算可得

$$W_k(s) = \frac{2s}{(0.5s+1)(0.125s+1)^2}$$

$$\varphi(\omega) = 90 - \arctan0.5\omega - 2\arctan0.125\omega$$

四、任务分析

系统的对数幅频特性是渐近线的形式，图形构成不外乎两个要素，即高度和斜率，所以首先要明确各个频段的高度和斜率同数学模型中参数之间的关系，然后再分析当改变斜率或者高度后对系统性能的影响。针对图 3-50 所示的 Bode 图，若想求出系统的开环传递函数，只需要分析渐近线各个频段的转折频率、斜率以及高度就可以求得了。

五、任务实施

1. 由折线图求开环传递函数

根据图 3-49 所示的折线，写出系统对应的开环传递函数。

（1）低频段

由已知 Bode 图可看出，系统为 0 型系统，所以比例环节的 K 可以由式 $20\lg K = 20$ 求得：$K = 10$。

（2）转折频率

从图 3-50 中可以求出各转折频率为

$$\omega_1 = 1, \quad \omega_2 = 2, \quad \omega_3 = 4, \quad \omega_4 = 10$$

当 $\omega = \omega_1 = 1$ 时，Bode 图的斜率为 $-20\,\text{dB/dec}$，这是一个惯性环节，其传递函数为

$$G_2(s) = \frac{1}{\dfrac{1}{\omega_1}s+1} = \frac{1}{s+1}$$

当 $\omega = \omega_2 = 2$ 时，Bode 图的斜率为 $-40\,\text{dB/dec}$，曲线在原直线 $-20\,\text{dB/dec}$ 的基础上又

下降 $-20\,\mathrm{dB/dec}$，可以看出这也是一个惯性环节，它的传递函数为

$$G_3(s) = \frac{1}{\frac{1}{\omega_2}s+1} = \frac{1}{0.5s+1}$$

当 $\omega = \omega_3 = 4$ 时，Bode 图的斜率变为 $-20\,\mathrm{dB/dec}$，有一个 $+20\,\mathrm{dB/dec}$ 的曲线与之叠加，是一个一阶微分环节，其传递函数为

$$G_4(s) = \frac{1}{\omega_3}s+1 = \frac{1}{4}s+1 = 0.25s+1$$

当 $\omega = \omega_4 = 10$ 时，Bode 图的斜率又变为 $-40\,\mathrm{dB/dec}$，表明又有一个惯性环节与之叠加，其传递函数为

$$G_5(s) = \frac{1}{\frac{1}{\omega_4}s+1} = \frac{1}{0.1s+1}$$

综上可得出该系统的开环传递函数为

$$\begin{aligned} G(s)H(s) &= G_1(s)G_2(s)G_3(s)G_4(s)G_5(s) \\ &= \frac{10(0.25s+1)}{(s+1)(0.5s+1)(0.1s+1)} \end{aligned}$$

2. 低频段特性与系统性能分析之间的关系

开环对数幅频特性的低频段，主要由积分环节和放大环节来确定，它反映了系统的稳态性能。低频段的数学模型可近似表示为

$$G(s) = \frac{K}{s^v} \tag{3-76}$$

式中 K——开环增益；

v——积分环节的个数。

对数的频率特性为

$$G(j\omega) = \frac{K}{(j\omega)^v} \tag{3-77}$$

对数幅频特性为

$$L(\omega) = 20\lg A(\omega) = 20\lg\left(\frac{K}{\omega^v}\right) = 20\lg K - v \cdot 20\lg\omega \tag{3-78}$$

根据上面式（3-78）可知，低频渐近线在 $\omega = 1$ 处的纵坐标值为 $20\lg K$；从数值上看，低频渐近线交于 0dB 线处的频率值 ω_0 和开环增益 K 的关系为 $K = \omega_0^v$；当 v 为不同值时，可分别做出对数幅频特性曲线的低频渐近线，它们的斜率分别为 $-v \cdot 20\,\mathrm{dB/dec}$，如图 3-56 所示。

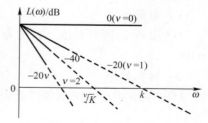

图 3-56 低频段对数幅频特性曲线

由上述分析可见，对数幅频特性曲线的位置越高，说明开环增益 K 越大；低频渐近线斜率越负，说明积分数越多。表明系统稳定性能越好。

下面通过一个具体的数学模型分析开环放大倍数对系统性能的影响。

已知某系统的开环传递函数为 $W(s) = \dfrac{10}{0.1s+1}$，分别取 K 的不同值，分析低频段特性与

系统性能分析之间的关系。

1）画出系统的 Bode 图。分别取 $K=10$ 和 $K=100$，在命令窗口中输入如下命令：

```
>> num = [10];
>> den = [0. 1 1];
>> w = logspace( -2,3,1000);
>> bode( num,den,w)
>> grid
>> hold on
>> num = [100];
>> den = [0. 1 1];
>> w = logspace( -2,3,1000);
>> bode( num,den,w)
>> grid
```

得到该系统的 Bode 图如图 3-57 所示。

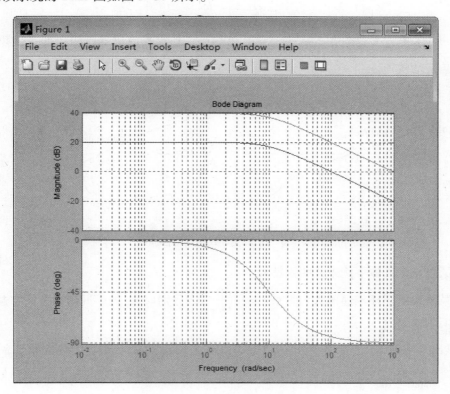

图 3-57　已知系统的 Bode 图

2）由图 3-57 可以看出，当 $K=100$ 时，比 $K=10$ 时特性高度更高，而相频特性不变。同时，高度增加后，系统的穿越频率值增加，同等条件下加快了系统的响应速度。同时可以看出，当穿越频率增加后，对应的相位裕量减小，系统的相对稳定性变差。根据前面介绍的时域分析方法可以知道，系统的开环放大倍数越大，系统的稳态误差就越小，也就是稳态精度越好。

3）同时，积分数越多，低频渐近线的斜率越大，系统的稳态误差就越好。

4）结论：在保证系统的稳定性的前提下，低频段的斜率越大，高度越高，就表明系统的相对稳定性越好，也就是控制系统的精度就越高。

3. 中频段特性与系统性能分析之间的关系

开环对数幅频特性的中频段反映了系统动态响应的平稳性和快速性，以及系统的动态性能。

穿越频率 ω_c 与动态性能的关系如下：

设系统开环对数幅频特性中频段斜率为 $-20\,dB/dec$，且占据频段比较宽，如图 3-58a 所示，若只从与中频段相关的平稳性和快速性来考虑，可近似认为整个曲线是一条斜率为 $-20\,dB/dec$ 的直线。其对应的开环传递函数为 $G(s) \approx \dfrac{K}{s} = \dfrac{\omega_c}{s}$，闭环传递函数为 $\phi(s) = \dfrac{G(s)}{1+G(s)} = \dfrac{\dfrac{\omega_c}{s}}{1+\dfrac{\omega_c}{s}} = \dfrac{1}{\dfrac{1}{\omega_c}s+1}$，这相当于一阶系统。其阶跃响应按指数规律变化，无振荡。调节时间 $t_s \approx 3T = \dfrac{3}{\omega_c}$。可见，在一定条件下，$\omega_c$ 越大，t_s 就越小，系统响应也就越快，即穿越频率 ω_c 反映了系统响应的快速性。

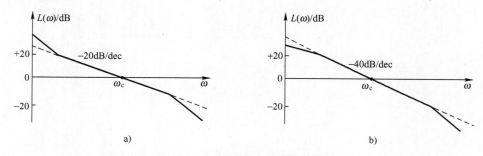

图 3-58 中频段对数幅频特性曲线

下面通过一个具体事例来说明该特性。

已知某系统的开环传递函数为 $W(s) = \dfrac{10}{0.1s+1}$，分别取 ω_c 的不同值，分析穿越频率 ω_c 与动态性能的关系。

1）画出系统的 Bode 图。分别取 $\omega_c = 10$ 和 $\omega_c = 100$，在命令窗口中输入如下命令：

```
>> num = [10];
>> den = [0.1 1];
>> w = logspace(-2,3,1000);
>> bode(num,den,w)
>> grid
>> hold on
>> num = [100];
>> den = [0.1 1];
```

```
>> w = logspace( -2,3,1000);
>> bode(num,den,w)
>> grid
```

得到该系统的 Bode 图如图 3-59 所示。

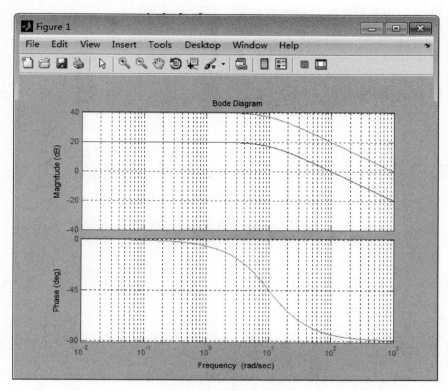

图 3-59 已知系统的 Bode 图

2）由图 3-59 可以看出，当 $\omega_c = 10$ 时，调节时间 $t_s = 0.3$；当 $\omega_c = 100$ 时，调节时间 $t_s = 0.03$，系统穿越的时间越短，系统响应越快。

3）结论：在一定的条件下，穿越频率 ω_c 越大，调节时间 t_s 就越小，系统响应也就越快，即穿越频率 ω_c 反映了系统响应的快速性。

4. 中频段的斜率与动态性能的关系

设系统开环对数幅频特性曲线的中频段斜率为 $-40 \lg dB/dec$，且占据频段较宽，如图 3-58b 所示。同理，可近似认为整个曲线是一条斜率为 $-40 \, dB/dec$ 的直线。其开环传递函数为

$$G(s) \approx \frac{K}{s^2} = \frac{\omega_c^2}{s^2} \tag{3-79}$$

闭环传递函数为

$$\phi(s) = \frac{G(s)}{1 + G(s)} = \frac{\dfrac{\omega_c^2}{s^2}}{1 + \dfrac{\omega_c^2}{s^2}} = \frac{\omega_c^2}{s^2 + \omega_c^2} \tag{3-80}$$

可见，系统含有一对闭环共轭虚根 $\pm j\omega_c$，这相当于无阻尼二阶系统，系统响应持续振荡，系统处于临界稳定状态。

所以，实际工程中，如果中频段斜率为 $-40\,\text{dB/dec}$，则所占频率区间不能过宽，否则，系统平稳性甚至稳定性将难以满足要求。进一步推知，若中频段斜率更负，则闭环系统将难以稳定。通常，取中频段斜率为 $-20\,\text{dB/dec}$。

5. 高频段特性与系统性能分析之间的关系

开环对数幅频特性在高频段的幅值，直接反映了系统对输入端高频干扰信号的抑制能力。

在开环幅频特性的高频段，一般 $L(\omega)=20\lg|G(j\omega)|\ll 0$，即 $|G(j\omega)|\ll 1$，故有

$$|\phi(j\omega)|=\frac{|G(j\omega)|}{|1+G(j\omega)|}\approx|G(j\omega)| \tag{3-81}$$

可见，对数幅频特性在高频段特性近似相等。因此，开环幅频特性高频段的分贝值越低，表明闭环系统对高频信号的抑制能力越强，即系统的抗干扰能力越强。高频段的转折频率对应着系统的最小时间常数，因而对系统动态性能的影响不大。

习　题

3.1　已知单位反馈系统传递函数 $G(s)=\dfrac{100(s+4)}{s(s+1)(s+10)(s^2+2s+1)}$，试绘制 Bode 图。

3.2　试绘制下列传递函数的极坐标图和 Bode 图（$T>0$，$K>0$）：

（1）$G(s)=\dfrac{K}{s}$；（2）$G(s)=\dfrac{K}{s^2}$；（3）$G(s)=\dfrac{K}{s^3}$；（4）$G(s)=\dfrac{K}{s(Ts+1)}$；

（5）$G(s)=\dfrac{K}{s^2(Ts+1)}$；（6）$G(s)=\dfrac{K}{s^3(Ts+1)}$；（7）$G(s)=\dfrac{K(Ts+1)}{s}$；

（8）$G(s)=\dfrac{K(Ts+1)}{s^2}$；（9）$G(s)=\dfrac{K(Ts+1)}{s^3}$；（10）$G(s)=\dfrac{s+1}{Ts+1}$；

（11）$G(s)=\dfrac{s-1}{Ts+1}$；（12）$G(s)=\dfrac{-s+1}{Ts+1}$；（13）$G(s)=\dfrac{1}{s(16s^2+6.4s+1)}$；

（14）$G(s)=\dfrac{1000(s+1)}{s(s^2+8s+100)}$

3.3　已知单位负反馈系统的开环传递函数，试根据奈氏判据为

$$G(s)=\frac{K}{s(Ts+1)(s+1)}\qquad (K,\ T>0)$$

确定其闭环稳定的条件：

（1）当 $T=2$ 时，K 值的范围；

（2）当 $K=10$ 时，T 值的范围；

（3）K、T 值的范围。

3.4　已知单位负反馈系统，其开环传递函数为

（1）$G(s)=\dfrac{100}{s(0.2s+1)}$；　　　　　　（2）$G(s)=\dfrac{50}{(0.2s+1)(s+2)(s+0.5)}$；

(3) $G(s) = \dfrac{10}{s(0.1s+1)(0.25s+1)}$;　　(4) $G(s) = \dfrac{100\left(\dfrac{s}{2}+1\right)}{s(s+1)\left(\dfrac{s}{10}+1\right)\left(\dfrac{s}{20}+1\right)}$

试用对数稳定判据判断闭环系统的稳定性，并确定系统的相角裕量和幅值裕度。

3.5　设某单位负反馈系统的开环传递函数为

$$G(s) = \dfrac{K}{s(0.01s+1)(0.1s+1)}$$

试求：(1) 满足闭环系统谐振峰值 $M_r \leqslant 1$ 的开环增益 K；

　　　(2) 根据相角裕量和幅值裕量分析闭环系统的稳定性；

　　　(3) 应用经验公式计算系统时域指标：超调量 $\sigma_p\%$ 和过渡过程时间 t_s。

3.6　设某单位负反馈系统的开环传递函数为

$$G(s) = \dfrac{7}{s(0.087s+1)}$$

试求：(1) 满足闭环系统谐振峰值 $M_r \leqslant 1$ 的开环增益 K；

　　　(2) 根据相角裕量和幅值裕量分析闭环系统的稳定性；

　　　(3) 应用经验公式计算系统时域指标：超调量 $\sigma_p\%$ 和过渡过程时间 t_s。

3.7　系统结构如图 3-60 所示，试用 Nyquist 稳定判据判断系统的稳定性。

3.8　某最小相角系统的开环对数幅频特性如图 3-61 所示。要求：

(1) 写出系统开环传递函数；

(2) 利用相角裕度判断系统的稳定性；

(3) 将其对数幅频特性向右平移十倍频程，试讨论对系统性能的影响。

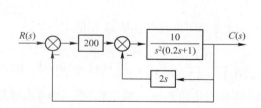

图 3-60　题 3.7 图

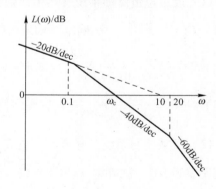

图 3-61　题 3.8 图

3.9　设最小相位系统开环对数幅频渐近线如图 3-62 所示。

(1) 写出系统开环传递函数 $G(s)$；

(2) 计算开环截止频率 ω_c；

(3) 计算系统的相角裕量；

(4) 若给定输入信号 $u(t) = 1 + \dfrac{1}{2}t$ 时，系统的稳态误差分别为多少？

3.10　已知单位反馈系统开环传递函数 $G(s) = \dfrac{K}{s(T_1 s+1)(T_2 s+1)}$，$T_1 = 0.1\,\text{s}$，$T_2 = $

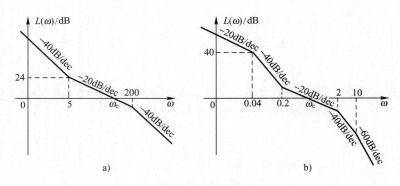

图 3-62 题 3.9 图

10 s；开环 Bode 图如图 3-63 所示。试求：（1）参数 K 和 ω_c；（2）判断系统的稳定性；（3）分析系统参数 K、T_1、T_2 变化对系统稳定性的影响。

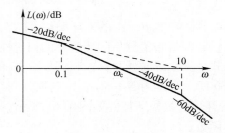

图 3-63 题 3.10 图

3.11 设单位负反馈系统开环传递函数分别如下：

（1）$G(s) = \dfrac{\alpha s + 1}{s^2}$，试确定使相角裕度等于 45° 的 α 值；

（2）$G(s) = \dfrac{K}{(0.01s + 1)^3}$，试确定使相角裕度等于 45° 的 K 值；

（3）$G(s) = \dfrac{K}{s(s^2 + s + 100)}$，试确定使幅值裕量为 20 dB 的开环增益 K 值。

3.12 设某控制系统开环传递函数 $G(s) = \dfrac{10K_1}{s(0.1s + 1)(s + 1)}$，当 $r(t) = 10t$ 时，要求系统稳态误差为 30°，试确定 K_1 并计算该系统此时具有的相角裕度、幅值裕度，说明系统能否达到精度要求。

情境四　基于频域法的三轴转台系统的校正与设计

在前面三个情境中主要是研究控制系统的分析问题，即运用一些方法研究给定控制系统的稳、动态特性。校正和设计则是根据实际生产过程的具体要求来设计一个控制系统，使其性能满足工艺的要求。一般来说，控制系统通常由被控对象、控制器和检测环节三个部分组成，被控对象是根据系统所应完成的具体任务而选定的，它包括的装置是系统的基本部分，这些装置的结构和参数是固定不变的。但是，仅仅应用系统本身的特性不可能同时满足对系统所提出的各项性能指标的要求，这时，就必须在系统中引入一些附加装置。把这些附加装置称为调节器，它们是为了改善系统的稳、动态性能而引入的。校正装置的选择及其参数整定的过程，就称为控制系统的综合问题，即控制系统的校正。

控制系统的设计工作是从分析控制对象开始的。首先根据被控对象的具体情况选择执行元件；然后根据变量的性质和测量精度选择测量元件；为放大偏差信号和驱动执行元件，还要放置放大器。由被控对象、执行元件、测量元件和放大器组成基本的反馈控制系统。该系统除了放大器的增益可调外，其余的部分结构和参数均不能改变，称此部分为不可变部分或固有部分。通常仅仅靠改变系统固有部分的增益是不能满足性能指标要求的，而要在系统中加入一些适当的元件或装置，以改变系统的特性，满足给定的性能指标要求。

为改善系统的静、动态性能而加入的元件或装置称为校正装置，又称校正元件。校正装置的选择及其参数整定的过程称为控制系统的校正。

本情境的学习以三轴转台控制系统出发，研究校正设计系统的方法。三轴转台实物如图4-1所示。

三轴运动模拟转台简称三轴转台，用来模拟上浮攻击过程中的三个角运动姿态，安装在三轴运动模拟转台上的惯性测量装置可以感受到与在水中真实航行时相同的角运动情况，是一个快速随动系统，其作用是将模拟计算机计算出的航行姿态角的数字信号转变为惯性测量装置可以感受到的机械角运动。该转台具有三轴联动模拟功能，可以进行安装试验、速率试验、模拟试验等，对超速、过载等具有保护功能，控制机箱配备网络接口、串行接口、模拟电压接口等，可自动进行转台状态的测试、控制和数据采集。针对不同的

图 4-1　三轴转台
实物图

任务要求，可具体设计三轴转台的不同外形及性能指标。现给出一组三轴转台的数据，以供参考。

1）台体结构形式：U—O—O 型框架形式。

2）负载要求：15 kg。

3）负载安装面要求：0.01 mm。

4）三轴倾角回转误差：±6″。

5）轴线垂直度：内—中框 ±12″，中—外框 ±12″。

6）三轴相交度：≤ϕ0.5 mm 的小球内。

7）转角范围：连续无限。

8）工作方式：位置、速率、摇摆、模拟。

9）测角分辨率：0.001°。

10）三轴角位置精度：0.01°。

11）最大速度：内环 300°/s、中环 200°/s、外环 150°/s。

12）三轴同时工作的最大转速：40°/s。

13）集电环要求：用户环道 60 道，绝缘电阻≥200 MΩ。

现由三轴转台出发来研究系统校正的方法，校正方法有很多种，按照校正装置在系统中的位置，以及它和系统中不可变部分的连接方式的不同，通常可分为四种基本的校正方法：串联校正、反馈校正、前馈校正和复合校正。

1. 串联校正

串联校正是指校正装置 $G_c(s)$ 接在系统的前向通路中，与系统的不可变部分 $G_0(s)$ 成串联连接的方式，如图 4-2 所示。

为了减少校正装置的输出功率，降低系统功率损耗和成本，串联校正一般安置在前向通路的前端、系统误差测量点之后、放大器之前的位置。串联校正的特点是结构简单，易于实现，但需附加放大器，且对于系统参数变化比较敏感。

2. 反馈校正

反馈校正是指校正装置 $G_c(s)$ 接在系统的局部反馈通路中，与系统的不可变部分或不可变部分中的一部分 $G_{02}(s)$ 成反馈连接的方式，如图 4-3 所示。

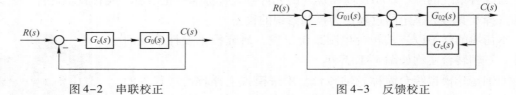

图 4-2　串联校正　　　　　　　　　　　图 4-3　反馈校正

由于反馈校正的信号是从高功率点传向低功率点，故不需加放大器。反馈校正的特点是不仅能改善系统性能，且对于系统参数波动及非线性因素对系统性能的影响有一定的抑制作用，但其结构比较复杂，实现相对困难。

3. 前馈校正

前馈校正又称顺馈校正，是在系统主反馈回路之外，由输入经校正装置直接校正系统的方式。按输入信号性质和校正装置位置的不同，前馈校正通常分为两种：一种是校正装置接在系统给定输入信号之后、主反馈回路作用点之前的前向通路上，如图 4-4a 所示，其作用是对给定值进行整形和滤波；另一种是校正装置接在系统可测扰动信号和误差作用点之间，对扰动信号进行测量、变换后接入系统，如图 4-4b 所示，其作用是对扰动影响进行直接补偿。

前馈校正可以单独作用于开环控制系统之外，是基于开环补偿的办法提高系统的精度，但最终不能检查控制的精度是否达到设计要求。其最主要的优点是针对主要扰动及时迅速地克服其对被控参数的影响，对于其他次要扰动，利用反馈控制予以克服，即构成复合控制系统，使控制系统在稳态时能准确地使被控量控制在给定值上。

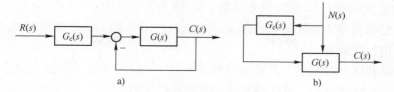

图 4-4 前馈校正

一般来说，串联校正比较节省成本，易于实现，且设计较简单；反馈校正不仅能改变系统中某环节的结构，还能将系统中某些参数的变化及非线性因素对系统性能的影响减小，且由于反馈信号通常是从能量较高点向能量较低点传递，故一般无须附加放大器，但反馈校正的设计往往需要一定的实践经验；前馈补偿在前面已有介绍。

串联校正是将校正装置 $G_c(s)$ 串接在系统的前向通路中，如图 4-4 所示，串联校正装置的设计是根据系统固有部分的传递函数 $G_0(s)$ 和对系统的性能指标要求来进行的。

校正装置可以是电气的、机械的，或由其他物理形式的元部件所组成。电气的校正装置可分为无源和有源两种。若构成校正装置的元件均为无源元件，则称为无源校正；若校正装置中含有有源元件，则称为有源校正。常见的无源校正装置有 RC 校正网络、微分变压器等。在使用这种校正装置时，应特别注意它与前、后级部件间的阻抗匹配问题，否则，将难以取得较好的校正效果。有源校正装置通常是指由运算放大器、电阻、电容所组成的各种调节器。有源校正装置一般能与系统中的其他部件较好地实现阻抗匹配，用起来更加方便。

4. PID 控制器

在工业自动化设备中，常采用由比例（P）、积分（I）、微分（D）控制策略形成的校正装置作为系统的控制器。它不仅适合于数学模型已知的系统，也可用于许多被控对象模型难以确定的系统。

一般，PID 控制器是串联在系统前向通路中的，因而起着串联校正的作用。以上对串联校正装置的介绍主要是根据其相频特性的超前或滞后来区分的，而以下对 PID 控制器的划分则主要是从其数学模型的构成来考虑的，通过下面的分析可以看到，两者之间是有内在联系的。

由 PID 控制器构成的控制系统的结构图如图 4-5 所示。图中 $G_c(s)$ 为控制器的传递函数，$G_0(s)$ 为系统固有的传递函数。

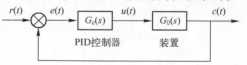

图 4-5 具有 PID 控制器的控制系统结构

PID 控制就是对偏差信号 $e(t)$ 进行比例、积分、微分运算后，通过线性组合形成的一种控制规律。即控制器输出为

$$u(t) = K_p\Big[e(t) + \frac{1}{T_1}\int_0^t e(\tau)\,\mathrm{d}\tau + T_D\,\frac{\mathrm{d}}{\mathrm{d}t}e(t) \Big]$$

式中，$K_p e(t)$ 为比例控制项，K_p 称为比例系数；$\frac{1}{T_1}\int_0^t e(\tau)\,\mathrm{d}\tau$ 为积分控制项，T_1 称为积分时间常数；$T_D\,\frac{\mathrm{d}}{\mathrm{d}t}e(t)$ 为微分控制项，T_D 称为微分时间常数。

有时，也将 PID 控制器输入、输出关系表示成：

$$u(t) = K_p e(t) + K_1\int_0^t e(\tau) + K_D\,\frac{\mathrm{d}}{\mathrm{d}t}e(t)$$

式中，K_p 称为比例系数；K_1 称为积分系数；K_D 称为微分系数。

根据积分控制项与微分控制项的有无，可分为 P、PD 和 PID 等多种形式的控制器。

5. P（比例）控制器

比例控制器又称 P 控制器，其传递函数为 $G_c(s) = K_P$。显然，调整 P 控制器的比例系数 K_p，将改变系统的开环增益，从而对系统的性能产生影响。

若 $K_p > 1$，将增加系统的开环增益，使系统的对数幅频特性曲线上移，引起穿越频率的增大，而相频特性曲线不变。开环增益的增加将使得有静差系统的稳态误差减小，稳态精度提高；穿越频率的增大，标志着快速性得到改善；若系统相频特性曲线在穿越频率变动区段内是单调下降的，则穿越频率增大的同时，意味着系统的相位裕量减小，稳定性变差。

如果 $K_p < 1$，则对系统性能有着相反的影响。

比例控制能实时成比例地反映系统的偏差信号，一旦有偏差，控制器立即产生控制作用，以使偏差减小。

调整 P 控制器的比例系数，进而改变系统的开环增益，可在某种程度上对系统的相对稳定性、快速性和稳态精度等性能做出一种折中的选择，但在一些情况下，仅靠调整 P 控制器的比例系数，是无法同时满足系统的各项性能指标要求的。因此，还需要一些其他形式的控制器。

6. PD（比例－微分）控制器

比例－微分控制器简称 PD 控制器，可由图 4-6 所示的运算放大器电路构成，其传递函数为

$$G_c(s) = \frac{U_c(s)}{U_r(s)} = K_p(1 + T_D s)$$

式中

$$K_P = \frac{R_2}{R_1}, T_D = \tau = R_1 C$$

比例控制作用由 K_p 决定；微分控制作用则取决于 $K_P T_D$。设初始值为零，当控制器输入 u 为斜坡信号时，其输出 u_c 如图 4-7 所示。由图可见，T_D 就是微分控制超前于比例控制起作用的时间。

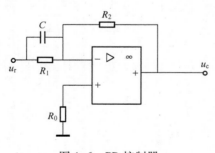

图 4-6　PD 控制器

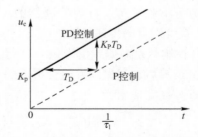

图 4-7　斜坡输入下 PD 控制器的输出

微分控制能反映偏差信号的变化趋势，并能在偏差信号值变得太大之前，引入修正信号，从而加快系统的控制作用。作为串联校正装置，它将增加系统的阻尼。

PD 控制器的伯德图如图 4-8 所示，显而易见，PD 控制器具有相位超前的特性，幅频特性在转折频率后 $\frac{1}{\tau}$ 呈正斜率，因而它是一种超前校正装置。它具有前述超前校正装置的特点。

138

PD 控制器使系统增加了一个 $-\dfrac{1}{\tau}$ 的开环零点，会使系统的稳定性及平稳性得到改善；当参数选择适当时，将使系统的调节时间变短；对稳态精度的影响可通过调整比例系数来实现；一般会使系统抗高频干扰的能力下降。

7. PI（比例-积分）控制器

比例-积分控制器，简称 PI 控制器，在实际工程中得到了广泛应用。可由图 4-9 所示的运算放大器电路构成 PI 控制器，它的传递函数为

$$G_c(s) = \frac{U_c(s)}{U_r(s)} = \frac{\tau_1 s + 1}{\tau_1 s} = K_p \frac{\tau_1 s + 1}{\tau_1 s} = K_p\left(1 + \frac{1}{\tau_1 s}\right) = K_p\left(1 + \frac{1}{T_1 s}\right)$$

式中

$$T_1 = \tau_1 = R_2 C, \tau = R_1 C, K_p = \frac{\tau_1}{\tau} = \frac{R_2}{R_1}$$

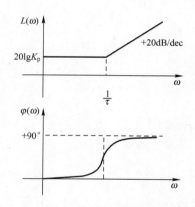

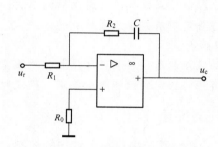

图 4-8　PD 控制器的伯德图　　　　图 4-9　PI 控制器

比例控制作用由 K_p 决定；积分控制作用则取决于 K_p/T_1。设初始值为零，当控制器输入 u_r 为单位阶跃信号时，其输出 u_c 如图 4-10 所示。

由于积分环节的引入，使得当加在 PI 控制器输入端的系统偏差为零时，它仍能维持一恒定的输出作为系统的控制作用，这就使得原来有静差的系统有可能变成无静差系统。

PI 控制器的伯德图如图 4-11 所示。

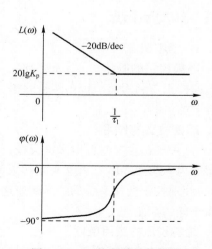

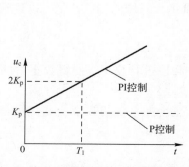

图 4-10　单位阶跃输入下 PI 控制器输出　　　　图 4-11　PI 控制器的伯德图

由图 4–11 可见，PI 控制器的相频特性为负，即具有相位滞后特性，故它也是一种滞后校正装置。但是，由于 $G_c(s)$ 中积分环节的引入相当于增加了一个位于原点的开环极点，使得它与前面介绍的滞后校正装置有所不同。首先，积分环节的引入使得系统的型别增加，其无静差度将增加，从而使稳态性能大为改善；另外，积分环节将引起 $-90°$ 的相移，这对系统的稳定性是不利的，但 $G_c(s)$ 中比例微分环节的引入相当于增加了一个负实数开环零点，将引起正的相移，又有可能使系统的稳定性和快速性朝好的方向变化。如果适当选择参数 K_p 和 T_1，就可使系统的稳态和动态性能满足要求。

任务一　应用超前校正装置改善三轴转台系统的性能

一、任务目标

知识目标：

1. 掌握超前校正装置的传递函数的求法；
2. 掌握确定超前校正装置参数的方法。

能力目标：

1. 能够应用超前校正装置的特点，改善系统的性能；
2. 能够根据给定的性能指标要求，确定超前校正装置的参数。

二、任务描述

三轴转台控制系统中对一个轴向的控制可模拟简化为如图 4–12 所示，要求系统在单位斜坡输入信号作用时，速度稳态误差 $e_{ss} \leqslant 0.1$，开环截止频率 $\omega'_c \geqslant 4.4 \, \text{rad/s}$，相位裕量 $\gamma' \geqslant 45°$，幅值裕量 $h \geqslant 10 \, \text{dB}$，为了满足要求请先确定校正装置的类型，并按照性能指标要求进行参数设计。校正后通过对斜坡信号的响应检验校正后的效果。

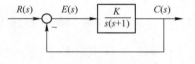

图 4–12　待校正控制系统

三、相关知识点

（一）基本概念

1. 超前校正的概念

超前校正是利用超前校正网络的相位超前特性来增大系统的相位裕量，以达到改善系统瞬态响应的目的。

2. 超前校正的作用

1）这种校正主要是针对未进行校正的系统的中频段进行校正，使得校正后的中频段的幅值斜率为 $-20 \, \text{dB/dec}$，并且有足够大的相位裕度。

2）超前校正会使系统的瞬态响应速度变快，校正会使系统的频带变宽，但是系统的抗高频噪声能力变差。

3. 超前校正的应用条件

超前校正一般都应用于：系统本身原来稳定，但是相角裕度不满足所需的要求，快速性也不满足要求的系统。

4. 超前校正的优缺点

超前校正的优点：

1）使开环的截止频率增大，闭环频带的宽度增加，暂态响应加快。

2）在不改变系统的稳态性能的前提下，提高系统的暂态性。

3）校正装置更容易实现。

超前校正的缺点：

1）由于频率特性高频段幅值提高，导致系统抗高频干扰信号的能力降低。

2）需要提高系统的放大倍数，来补偿超前网络对增益的衰减作用。

3）若未校正系统在其截止频率附近，相频特性衰减较快，一般不适宜采用超前校正。

4）对于不稳定系统，一般不宜采用超前校正方法，否则会由于 α 过大造成带宽过大，导致系统失控。

（二）方法和经验

这里主要介绍有源超前装置和无源超前装置的参数计算过程。

如果一个串联校正装置的频率特性具有正的相位角，就称为超前校正装置。

1. 无源超前校正装置

图 4-13 是由电阻和电容组成的一个无源超前校正网络的电路图，其传递函数为

$$G_c(s) = \frac{U_c(s)}{U_r(s)} = \frac{1}{\alpha} \frac{\alpha Ts + 1}{Ts + 1} = \frac{s + \frac{1}{\alpha T}}{s + \frac{1}{T}} \qquad (4-1)$$

式中，$T = \frac{R_1 R_2}{R_1 + R_2} C$，$\alpha = \frac{R_1 + R_2}{R_2} > 1$，$\alpha$ 为超前网络的分度系数。

由公式（4-1）可见，该校正装置的增益为 $1/\alpha < 1$，在系统进行校正时，必然会使整个系统的放大倍数降低 α 倍，因此在使用无源串联超前校正装置时，必须加放大器，让其放大倍数为 α，来补偿校正装置对信号的衰减作用。

假设这个装置的衰减作用已被放大器所补偿，那么公式（4-1）可以写为

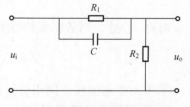

图 4-13　无源超前校正网络

$$G_c(s) = \frac{\alpha Ts + 1}{Ts + 1} \qquad (4-2)$$

对数幅频特性和对数相频特性分别为

$$L(\omega) = 20 \lg A(\omega) = 20 \lg \frac{\sqrt{(\alpha T \omega)^2 + 1}}{\sqrt{(T\omega)^2 + 1}} \qquad (4-3)$$

$$\varphi(\omega) = \arctan \alpha \omega T - \arctan \omega T \qquad (4-4)$$

该对数频率特性曲线如图 4-14 所示。

由图 4-14 可见，无源超前校正网络具有相位超前的作用，输出相位总是超前于输入相位，并且当输入角频率为 ω_m 时，产生最大超前相位角 φ_m。确定 ω_m 和 φ_m 的方法如下。

将公式（4-4）对 ω 求导，即令 $\frac{d\varphi(\omega)}{d\omega} = 0$，产生最大超前角 φ_m 时的 ω_m 值为

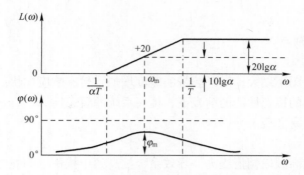

图 4-14　无源超前校正网络对数频率特性

$$\omega_m = \frac{1}{T\sqrt{\alpha}} = \sqrt{\frac{1}{\alpha T}\frac{1}{T}} \tag{4-5}$$

在对数坐标中，ω_m 恰好是 $1/\alpha T$ 和 $1/T$ 的几何中点，即

$$\lg\omega_m - \lg\frac{1}{\alpha T} = \lg\frac{1}{T} - \lg\omega_m \tag{4-6}$$

将公式（4-5）代入公式（4-4）中，得到最大超前相位角 φ_m 为

$$\varphi_m = \arcsin\frac{\alpha-1}{\alpha+1} \tag{4-7}$$

由上述可知，超前网络的最大超前角 φ_m 只与分度系数 α 有关，并且 α 越大，φ_m 越大，超前作用越强。实际中，在使用该超前装置时，为了避免对系统产生过大的幅值衰减作用，并同时抑制高频干扰信号的影响，以及工程的可实现性，一般选用 α 的范围为 $5 < \alpha < 20$。

由公式（4-3）可知，在 $\omega > 1/T$ 后，对数幅频特性 $L(\omega)$ 约为

$$L(\omega) \approx 20\lg\frac{\alpha T\omega}{T\omega} = 20\lg\alpha \tag{4-8}$$

而在 ω_m 处，对数幅频特性 $L(\omega)$ 约为

$$L(\omega_m) \approx 20\lg\frac{\alpha T\omega_m}{1} = 20\lg\alpha T\frac{1}{T\sqrt{\alpha}} = 10\lg\alpha \tag{4-9}$$

采用无源超前校正网络进行系统校正，就是要确定校正装置的 α 和 T 这两个参数。

2. 有源超前校正装置

在实际生活中广泛采用无源超前校正网络进行系统较正，由于存在负载效应、复杂网络设计和调整不方便等一些原因，在工业控制中经常采用有源校正装置。常用的有源校正装置由线性集成运算放大器和无源的阻容网络组成。如图 4-15 所示为一种有源超前校正装置。

当放大器的放大倍数很大时，该网络传递函数为

$$G_c(s) = -K_c\frac{\alpha Ts+1}{Ts+1} \tag{4-10}$$

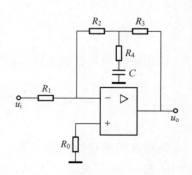

图 4-15　有源超前校正网络

式中，$K_c = \dfrac{R_2+R_3}{R_1}$，$\alpha = 1 + \dfrac{R_2R_3}{R_4(R_2+R_3)} > 1$，$T = R_4C$，"$-$"号表示反相输入端。可见该网络具有相位的超前特性，当 $K_c = 1$ 时，如果不考虑"$-$"号，其对

数频率特性将会近似于无源超前校正网络的对数频率特性，如图 4-15 所示。

3. 超前校正的一般步骤

利用频率法进行超前校正的步骤如下：

1）根据稳态误差或误差系数的要求，先确定开环放大倍数 K，并绘制原系统的对数频率特性 $T(\omega)$ 和 $\varphi(\omega)$，确定原系统的相位裕量 γ。

2）若给定校正后系统穿越频率为 ω'_c，按照下面方法确定校正装置的参数 α 和 T，否则执行第 3）步。

设最大超前角频率为 ω_m，使 $\omega'_c = \omega_m$，得

$$L(\omega'_c) + L_c(\omega_m) = L(\omega'_c) + 10\lg\alpha = 0 \tag{4-11}$$

其中，$L(\omega_c)$ 表示原系统在校正后截止频率 ω'_c 处的对数幅值；$L_c(\omega')$ 表示校正装置在最大截止频率 ω_m 处的对数幅值。

由式（4-11）确定 α 值为

$$\alpha = 10^{-\frac{L(\omega'_c)}{10}} \tag{4-12}$$

时间常数 T 为

$$T = \frac{1}{\sqrt{\alpha}\,\omega_m} \tag{4-13}$$

然后执行第 5）步。

3）根据要求的相位裕量 γ'，确定需要补偿的相角位移 φ_m。考虑原系统在 $\omega'_c = \omega_c$ 时，相位移更负些，则 φ_m 为

$$\varphi_m = \gamma' - \gamma + \Delta \tag{4-14}$$

Δ 一般都取 10° 左右。

4）确定校正装置的参数 α 和校正装置的两个转折频率 ω_1 和 ω_2。

$$\alpha = \frac{1 + \sin\varphi_m}{1 - \sin_m} \tag{4-15}$$

在系统整体设计时，使校正后中频段特性斜率为 $-20\,\text{dB/dec}$，校正装置的两个转折频率 $\omega_1 = 1/\alpha T$ 和 $\omega_2 = 1/T$ 分别位于校正后穿越频率 ω'_c 两侧，并使校正后系统穿越频率 ω'_c 和校正装置的最大超前角频率 ω_m 相等，从而确定校正装置的两个转折频率，具体的方法可根据实际情况来定。

5）验算校正后系统的相位裕量是否满足需求，如不满足，重新计算。

四、任务分析

为了完成上述任务，应该先画出原系统的伯德图，然后对照性能指标的要求去确定校正装置的类型。当校正装置类型确定之后，就可以根据具体的性能指标要求进行相关参数的计算了。

五、任务实施

1. 画原系统伯德图，确定原系统相位裕度

根据稳态误差要求，首先要画出原系统的伯德图，然后由系统的伯德图来确定原系统的相位裕度。

确定开环放大倍数 K，绘制原系统的对数频率特性，确定原系统的相位裕量 γ。

已知原系统为 I 型系统，而且 $e_{ss} \leqslant 0.1$，则 $e_{ss} = \dfrac{1}{K} \leqslant 0.1$，即 $K \geqslant 10$，那么取 $K = 10$，待

校正系统传递函数为 $G(s) = \dfrac{10}{s(s+1)}$，其对数频率特性如图 4-16 所示。

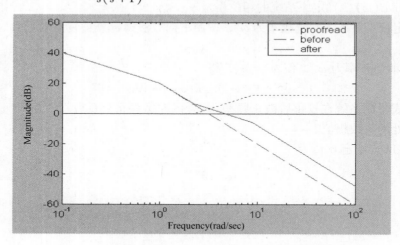

图 4-16　原系统、校正装置及校正后系统的对数频率特性

令 $A(\omega_c) \approx \dfrac{10}{\omega_c \omega_c} = 1$，那么原系统幅值穿越频率 $\omega_c = 3.16 < 4.4$，则校正前系统相位裕量为

$$\gamma = 180° + \varphi(\omega_c) = 180° + (-90° - \arctan\omega_c) = 17.9° < 45°$$

由于截止频率和相位裕量全部都小于要求值，所以采用超前校正较为合适。

2. 确定校正装置的参数

校正后系统截止频率 $\omega_c' = 4.4$，那么原系统在 ω_c' 处的对数频率特性幅值为

$$L(\omega_c') \approx 20\lg10 - 20\lg\omega_c' - 20\lg\omega_c' \approx -6 \text{ dB}$$

即 $\omega_c' = \omega_m$ 处，校正装置应提供 $+6$ dB 的幅值，从而使校正后系统的对数幅频特性 $L'(\omega_c') = 0$。
可得

$$\alpha = 10^{-\frac{L(\omega_c')}{10}} \approx 4$$

时间常数 T 为

$$T = \frac{1}{\sqrt{\alpha}\omega_m} = 0.114 \text{ s}$$

超前校正装置的传递函数为

$$G_c(s) = \frac{\alpha Ts + 1}{Ts + 1} = \frac{0.456s + 1}{0.114s + 1}$$

3. 验算校正后系统的相位裕量

校正后系统传递函数为

$$G(s) = \frac{10 \times (0.456s + 1)}{s(s+1)(0.114s + 1)}$$

该相位裕量 γ' 为

$$\gamma' = 180° + \varphi(\omega_c')$$

$= 180° + (\arctan 0.456 \times 4.4 - 90° - \arctan 4.4 - \arctan 0.114 \times 4.4) = 49.8° > 45°$

幅值裕度 $h = \infty$，系统性能可以完全得到满足。

4. 采用仿真的方法对比校正前后的效果

我们将校正装置的频率特性曲线和校正后系统的频率特性曲线与原系统频率特性曲线绘制在同一坐标系中，如图 4-16 所示。

可见超前校正是利用校正装置直接改变中频段特性的斜率，使得校正后以 $-20\ \text{dB/dec}$ 斜率穿越横轴，增加相位裕量，提高了系统的稳定性。

由于无源超前校正装置具有放大倍数衰减 α 倍的特性，所以在实际使用中，必须增大放大倍数为原来的 α 倍，才能使系统的稳态性能不改变，本系统应使放大倍数提高 4 倍。

系统校正前后的单位阶跃响应和单位斜坡响应如图 4-17 和图 4-18 所示。由图形上可以看出校正后的系统对阶跃信号和斜坡信号的追踪能力都变好了。

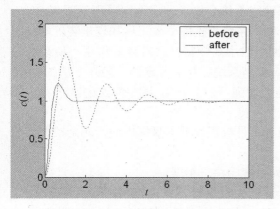

图 4-17　校正前后系统的单位阶跃响应

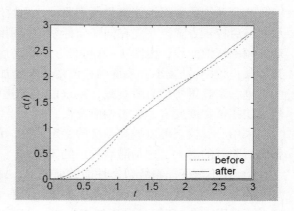

图 4-18　校正前后系统的单位斜坡响应

任务二　应用滞后校正装置改善三轴转台系统的性能

一、任务目标

知识目标：

1. 掌握滞后校正装置的传递函数的求法；
2. 掌握确定滞后校正装置参数的方法。

能力目标：

1. 能够应用滞后校正装置的特点，改善系统的性能；
2. 能够根据给定的性能指标要求，确定校正装置的参数。

二、任务描述

已知三轴转台控制系统对其中一个轴的控制可以简化为如图 4-19 所示的结构框图，现要求系统在单位斜坡输入信号作用时，稳态速度误差系数 $k_v = 10$，相位裕量 $\gamma' \geqslant 30°$，为了满足要求请先确定校正装置的类型，

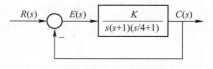

图 4-19　待校正控制系统

并按照性能指标要求进行参数设计。校正后通过对斜坡信号的响应检验校正后的效果。

三、相关知识点

(一)基本概念

1. 滞后校正的基本概念

滞后校正是通过加入滞后校正环节，使系统开环增益有较大幅度的增加，同时又使校正后的系统的动态指标保持原系统的良好状态。它利用了滞后校正环节的低通滤波特性，在不影响校正后系统低频特性的情况下，使校正后系统中的高频段增益降低，从而使其穿越频率向前移，达到增加系统相位裕度的目的。

2. 滞后校正装置的作用

1）提高系统相对稳定性，增强其抗干扰能力，但是暂态响应速度变慢。

若原系统的稳态性能满足所需要求，而暂态性能不符合要求，那么则采用如图 4-22 所示的滞后校正方式。首先在同一坐标系中分别绘制出系统校正前、校正后和校正装置本身的对数频率特性曲线，由图 4-20 可见，串联滞后网络对中高频特性具有衰减作用，使系统的开环截止频率 ω_c 减小，系统的相位裕量 γ 增加，提高系统的相对稳定性。另外，从图 4-20 中可见，高频段特性有所衰减，系统的抗干扰能力增强。但开环截止频率 ω_c 的减小，也必然会使频带宽度变窄，暂态响应变慢。

采用滞后校正可以提高系统的稳定裕度，但并不是校正装置本身提供的，而是挖掘了原系统所固有的潜力，这是滞后校正的实质。

2）在不改变原系统暂态性能的前提下，提高系统的稳态精度。

若原系统的暂态性能满足所需要求，具有合适的相位裕量，而稳态精度却不符合要求，则采用如图 4-24 所示的滞后校正方式。由图 4-21 可见，在系统设计时，把校正装置选在低频段和远离原系统的中频段，加入校正装置的目的是增加系统低频段特性的高度，从而减小系统的稳态误差，提高系统的稳态精度。

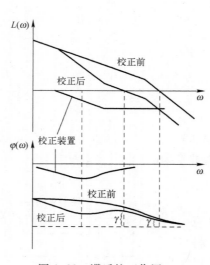

图 4-20 滞后校正作用一

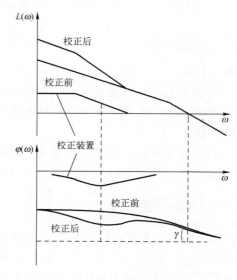

图 4-21 滞后校正作用二

采用无源滞后校正网络进行系统校正，关键是确定校正装置的 β 和 T 两个参数。

3. 滞后校正的优缺点

滞后校正的优点如下：

1）不改变系统的稳态性能，使开环截止频率减小，相位裕量增加，提高系统的暂态性能。

2）相对稳定性不变，增大系统的速度误差系数，提高系统的稳态性能。

3）增大系统的放大倍数，提高系统的稳态性能，与此同时降低开环截止频率，提高系统的暂态性能。

4）降低频率特性高频段的幅值，提高系统抗高频干扰信号的能力。

滞后校正的缺点如下：

1）系统闭环频带宽度降低，暂态响应变慢。

2）需要较大的时间常数，有时很难实现。

滞后校正的适用场合如下：

1）在幅值穿越频率处，相位变化较大的系统。

2）对暂态响应速度要求不高的系统。

3）要求抗高频干扰信号能力强的系统。

（二）方法和经验

这里主要介绍有源滞后装置和无源滞后装置的参数计算过程。

如果一个串联校正装置的频率特性具有负的相位角，就称为滞后校正装置。

1. 无源滞后校正装置

图 4-22 是由电阻和电容组成的无源滞后校正网络的电路图，其传递函数为

$$G_c(s) = \frac{U_c(s)}{U_r(s)} = \frac{R_2 Cs + 1}{\beta R_2 Cs + 1} = \frac{Ts + 1}{\beta Ts + 1} \qquad (4-16)$$

公式（4-16）中，$T = R_2 C$，$\beta = \dfrac{R_1 + R_2}{R_2} > 1$，$\beta$ 为滞后网络的分度系数。

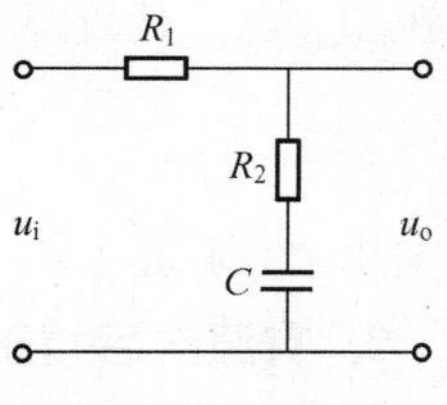

由式（4-16）可只，其校正装置的增益为 1，在系统校正时，不会改变系统的放大倍数，因此在使用无源串联滞后校正装置时，不需要外加放大器。

图 4-22 无源滞后
校正网络

无源滞后校正装置的对数幅频特性和对数相频特性分别为

$$L(\omega) = 20\lg A(\omega) = 20\lg \frac{\sqrt{(T\omega)^2 + 1}}{\sqrt{(\beta T\omega)^2 + 1}} \qquad (4-17)$$

$$\varphi(\omega) = \arctan\omega T - \arctan\beta\omega T \qquad (4-18)$$

其对数频率特性曲线如图 4-23 所示。

由图 4-23 可以看出，无源滞后校正网络有相位滞后的作用，输出相位总是滞后于输入相位，并且当输入角频率为 ω_m 时，产生最大的滞后相位角 φ_m。确定 ω_m 和 φ_m 的方法如下：

对公式（4-18）中 ω 求导，即当 $\dfrac{d\varphi(\omega)}{d\omega} = 0$ 时，求得产生最大滞后相位角 φ_m 时的 ω_m 值为

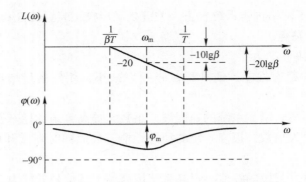

图 4-23　无源滞后校正网络对数频率特性

$$\omega_{\mathrm{m}} = \frac{1}{T\sqrt{\beta}} = \sqrt{\frac{1}{\beta T}\frac{1}{T}} \tag{4-19}$$

在对数坐标中，ω_{m} 恰好是 $1/\beta T$ 和 $1/T$ 的几何中点，即

$$\lg\omega_{\mathrm{m}} - \lg\frac{1}{\beta T} = \lg\frac{1}{T} - \lg\omega_{\mathrm{m}} \tag{4-20}$$

将式（4-19）代入式（4-18）中，得最大滞后相位角 φ_{m} 为

$$\varphi_{\mathrm{m}} = \arcsin\frac{1-\beta}{1+\beta} \tag{4-21}$$

可见，滞后网络中的最大滞后角 φ_{m} 只与分度系数 β 有关，并且 β 越大，φ_{m} 越大，即滞后作用越强。

由公式（4-17）可知，在 $\omega > 1/T$ 后，对数幅频特性 $L(\omega)$ 为

$$L(\omega) \approx 20\lg\frac{T\omega}{\beta T\omega} = -20\lg\beta \tag{4-22}$$

而在 ω_{m} 处，对数幅频特性 $L(\omega)$ 为

$$L(\omega_{\mathrm{m}}) \approx 20\lg\frac{1}{\beta T\omega_{\mathrm{m}}} = 20\lg\frac{T\sqrt{\beta}}{\beta T} = -10\lg\beta \tag{4-23}$$

如图 4-23 所示。

2. 有源滞后校正装置

如图 4-24 所示为一种有源滞后校正装置。当放大器的放大倍数很大时，该网络传递函数为

$$G_{\mathrm{c}}(s) = -K_{\mathrm{c}}\frac{Ts+1}{\beta Ts+1} \tag{4-24}$$

图 4-24 中，$K_{\mathrm{c}} = \dfrac{R_3}{R_1}$，$\beta = \dfrac{R_2+R_3}{R_2} > 1$，$T = R_2C$，"−"号表示反相输入端。可见该网络具有相位的滞后特性，当 $K_{\mathrm{c}} = 1$ 时，如果不考虑 "−" 号，其对数频率特性近似于无源滞后校正网络的对数频率特性，如图 4-23 所示。

3. 滞后校正的步骤

1）根据稳态误差的要求，确定开环放大系数 K，绘制

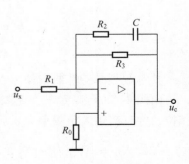

图 4-24　有源滞后校正网络

原系统的对数频率特性 $L(\omega)$ 和 $\varphi(\omega)$，并确定原系统的相位裕量 γ 和幅值裕量 h。

2）根据给定的相位裕量 γ' 的要求，确定校正后系统的截止频率 ω'_c。即在原系统对数相频特性曲线上，量得满足要求的相位裕量：$\gamma' + \Delta$ 值（Δ 为滞后网络在校正后系统的截止频率 ω'_c 处产生的滞后相角，一般 $-5° < \Delta < -15°$），其所对应的频率值即为 ω'_c。

3）确定校正装置的分度系数 β 和两个转折频率值 ω_1 和 ω_2。方法是计算原系统在 ω'_c 处幅值下降到 0 dB 的衰减量 $L(\omega'_c)$，并使

$$L(\omega'_c) = 20\lg\beta \tag{4-25}$$

即可确定 β 值。选择校正装置的转折频率 $\omega_2 = \dfrac{1}{T} = \omega'_c / (4 \sim 10)$，则另一转折频率 $\omega_1 = \dfrac{1}{\beta T} = \dfrac{\omega_2}{\beta}$。由此可确定校正装置的时间常数 T。

4）验算校正后系统的相位裕量和幅值裕量是否满足要求，若不满足，则重新计算。

四、任务分析

为了完成上述任务，应该先画出原系统的伯德图，对照性能指标的要求去确定校正装置的类型。当校正装置类型确定后，就可以根据具体的性能指标要求进行参数的计算了。

五、任务实施

1. 确定原系统相位裕量 γ

根据稳态误差要求先画出原系统的伯德图和渐近线图，由伯德图确定原系统的相位裕度。确定开环放大倍数 K，绘制原系统对数频率特性，确定原系统相位裕量 γ。

由已知原系统为 I 型系统，且 $k_v = 10$，则

$$k_v = \lim_{s \to 0} sG(s) = \lim_{s \to 0} s \frac{K}{s(s+1)(s/4+1)} = K = 10$$

待校正系统传递函数为 $G(s) = \dfrac{10}{s(s+1)(s/4+1)}$，其对数频率特性如图 4-25 所示。

由图 4-25 可见，令 $A(\omega_c) \approx \dfrac{10}{\omega_c \omega_c} = 1$，那么系统幅值穿越频率 $\omega_c = 3.16$，则校正前系统相位裕量为

$$\gamma = 180° + \varphi(\omega_c) = 180° + (-90° - \arctan\omega_c - \arctan\omega_c/4) = -21° < 30°$$

2. 确定校正装置的形式

由图 4-25 可见未校正系统不稳定，按照对相位裕量 γ' 的要求，若采用超前校正方法，则需校正网络提供 $\varphi_m = 51° + \Delta$ 的相位补偿（$5° < \Delta < 10°$），在实际中很难实现，所以这里选用串联滞后校正装置。

3. 确定校正后系统的截止频率

根据给定的相位裕量找出波德图上符合要求的相位裕量频率。在此基础上考虑校正装置特性引起的滞后影响，适当增加补偿裕度，以符合性能指标的要求。即根据给定的相位裕量 γ'，确定校正后系统的截止频率 ω'_c。

设滞后网络在校正后系统的截止频率在 ω' 处产生的滞后相角 $\Delta = 15°$，那么在原系统相

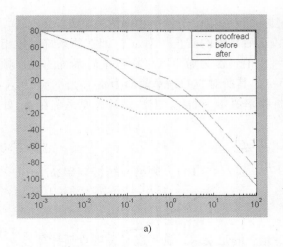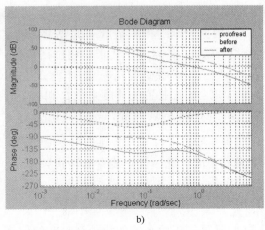

图 4-25　原系统、校正装置及校正后系统的对数频率特性

a) 渐近线特性　b) 伯德图

频特性上找出与 $\gamma' + \Delta = 30° + 15° = 45°$ 所对应的频率值为 0.7，即 $\omega_c' = 0.7$。

4. 确定校正装置的参数

确定校正装置的分度系数 β 和两个转折频率值 ω_1 和 ω_2。

原系统在 ω_c' 处的对数幅值为：$L(\omega_c') \approx 20\lg10/\omega_c' = 21.4$，若想让其幅值在 ω_c' 处下降到 0 dB，令 $L(\omega_c') = 20\lg\beta$，则 $\beta = 11.75$。

选择校正装置的转折频率为 $\omega_2 = 1/T = \omega_c'/3.5 = 0.2$，那么另一转折频率 $\omega_1 = 1/\beta T = \omega_2/\beta = 0.017$，由此可确定出校正装置的时间常数 $T = 1/\omega_2 = 5$ s。则校正装置的传递函数为

$$G_c(s) = \frac{Ts + 1}{\beta Ts + 1} = \frac{s/\omega_2 + 1}{s/\omega_1 + 1} = \frac{s/0.2 + 1}{s/0.017 + 1}$$

验算校正后系统的相位裕量是否满足要求。校正后系统的传递函数为

$$G(s)G_c(s) = \frac{10(s/0.2 + 1)}{s(s + 1)(s/4 + 1)(s/0.017 + 1)}$$

其相位裕量 γ' 为

$\gamma' = 180° + \varphi(\omega_c')$

$= 180° + (\arctan0.7/0.2 - 90° - \arctan0.7 - \arctan0.7/4 - \arctan0.7/0.017) = 30.53° > 30°$

其满足对系统性能的要求。

5. 采用仿真的方法对比校正前后的效果

首先将校正装置的频率特性曲线和校正后系统的频率特性曲线绘制在同一坐标系中，如图 4-25 所示。由图可见滞后校正使原系统中高频段的频率特性降低，其截止频率减小，相位裕量增加，实质是开发原有系统中固有的"潜力"，而并不是较正装置提供的超前相位角。事实上，滞后校正装置具有相位滞后特性。在系统整体设计时，使滞后校正装置的最大滞后角频率选在低频段，并远离校正后系统的截止频率。

系统校正前后的单位阶跃响应和单位斜坡响应如图 4-26 和图 4-27 所示。由图形上可以看出校正后的系统对阶跃信号和斜坡信号的追踪能力都变得更强了。

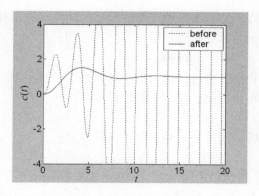

图 4-26　校正前后系统的单位阶跃响应

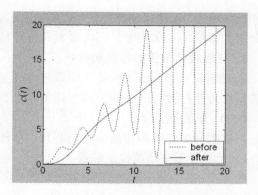

图 4-27　校正前后系统的单位斜坡响应

任务三　应用滞后－超前校正装置改善三轴转台系统的性能

一、任务目标

知识目标：

1. 掌握滞后－超前校正装置的传递函数的求法；
2. 掌握确定滞后－超前校正装置参数的方法。

能力目标：

1. 能够应用滞后－超前校正装置的特点，改善系统的性能；
2. 能够根据给定的性能指标要求，确定校正装置的参数。

二、任务描述

已知三轴转台控制系统对其中一个轴的控制可以简化为如图 4-28 所示的结构框图，若要求系统在单位斜坡输入信号作用时，稳态速度误差系数 k_v ≥256，相位裕量 $\gamma' \geqslant 45°$，试采用无源串联滞后－超前网络进行校正。

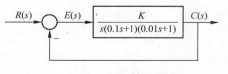

图 4-28　待校正控制系统

三、相关知识点

（一）基本概念

1. 滞后超前校正的概念

利用校正装置的超前部分来增大系统的相位裕度，来改善其动态性能；利用其滞后部分来改善系统的静态性能。

2. 滞后超前校正的适用范围

有时候单独使用串联超前校正和串联滞后校正都没办法达到指标的要求，而滞后－超前校正同时兼具滞后校正和超前校正的优点，即已经校正的系统响应速度较快，超调量较小，抑制高频噪声的性能也好。当未校正系统不稳定，并且要求校正后的系统响应速度、相角裕度和稳态精度较高时，采用滞后－超前校正为宜。其基本原理是利用滞后－超前校正的超前部分增大系统的相角裕度，同时也利用滞后校正的部分来改善系统的稳态性能。

3. 滞后超前校正的作用

串联超前－滞后校正保持了串联超前校正和串联滞后校正的理想的特性，增加了系统的频带宽度，使过渡时间缩短，相位裕度增加，相角超前，提高了稳定性和响应快速性。

（二）方法和经验

从有源和无源两种滞后－超前装置说明滞后－超前校正装置的参数计算过程。

1. 无源滞后－超前校正装置

图4-29是由电阻和电容组成的无源滞后－超前校正网络的电路图，其传递函数为

$$G_c(s) = \frac{U_c(s)}{U_r(s)} = \frac{(1 + T_i s)(1 + T_d s)}{(1 + \lambda T_i s)\left(1 + \frac{T_d}{\lambda} s\right)} \tag{4-26}$$

公式（4-26）中，$T_i = R_2 C_2$，$T_d = R_1 C_1$，$\lambda = \dfrac{T_i + T_d + R_1 C_2 + \sqrt{(T_i + T_d + R_1 C_2)^2 - 4 T_d T_i}}{2 T_i} > 1$

γ 为滞后－超前网络的分度系数，并且满足 $\lambda T_i > T_i > T_d > \dfrac{T_d}{\lambda}$。

无源滞后－超前校正装置的对数频率特性曲线如图4-33所示。

由图4-30可以看出，对数频率特性的前段表现为滞后网络的特性，使得增益衰减，相位滞后，有利于提高系统的放大倍数，并且改善系统的稳态性能；而后段表现为超前网络的特性，相位超前，有利于增加系统的稳定裕度，并且改善系统的暂态性能，同时也提高系统反应的快速性。

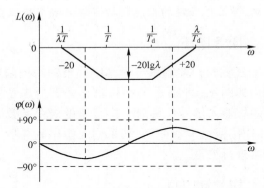

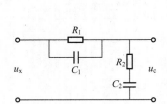

图4-29　无源滞后－超前校正网络　　　　图4-30　无源滞后－超前校正网络对数频率特性

当控制系统的响应速度、相位裕量和稳态精度都相对要求较高时，我们可以采用串联滞后－超前校正装置。在系统设计时，滞后部分设置在系统较低的频段，而超前部分则设置在系统的中频段，只要正确选择滞后－超前校正装置的参数 T_i、T_d 和 λ 即可。

2. 有源滞后－超前校正装置

如图4-31所示是一种有源滞后－超前校正装置。当放大器的放大倍数很大时，该网络传递函数为

$$G_c(s) = -K_c \frac{(T_1 s + 1)(T_2 s + 1)}{T_2 s} \tag{4-27}$$

公式（4-27）中，$K_c = \dfrac{R_2}{R_1}$，$T_1 = R_1 C_1$，$T_2 = R_2 C_2$，"–"号表示反相输入端。如果不考虑"–"号，其对数频率特性如图4-32所示。

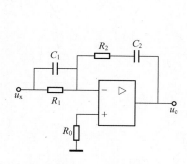

图4-31 有源滞后 – 超前校正网络

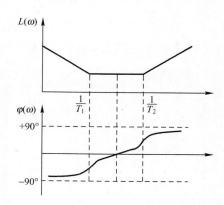

图4-32 有源滞后 – 超前校正网络对数频率特性

3. 设计串联滞后 – 超前校正的步骤

利用频率法进行串联滞后 – 超前校正就是要确定校正装置的参数 T_i、T_d 和 λ，下面给出一种设计方法的步骤。

1）根据稳态误差的要求，先确定开环放大系数 K，绘制原系统的对数频率特性 $L(\omega)$ 和 $\varphi(\omega)$，并确定原系统相位裕量 γ 和幅值裕量 h。

2）然后选择校正后系统的穿越频率 ω_c'。从原系统的相频特性中找出相角等于 $-180°$ 的频率值，此值可作为校正后系统的穿越频率 ω_c'。因为在此可使超前部分提供的最大超前相位角就是系统所要求的相位裕量 γ'，易于实现。

3）确定滞后 – 超前校正网络的滞后部分参数 T_i 和 λT_i。选 $\dfrac{1}{T_i} = \left(\dfrac{1}{10} \sim \dfrac{1}{5} \right) \omega_c'$，并且选 $\lambda = 10$（可视具体情况略加调整），λT_i 即可确定。

4）确定滞后 – 超前校正网络的超前部分参数 T_d 和 λ / T_d。在原对数幅频特性上求 $L(\omega_c')$，过 $(\omega_c', -L(\omega_c'))$ 点作一条斜率为 $+20\,\text{dB/dec}$ 的直线，与 $0\,\text{dB}$ 线相交的频率值即为 λ / T_d，与 $-20\lg\lambda\,\text{dB}$ 直线相交的频率值即为 $1/T_d$。

5）验算校正后系统的各项性能是否满足要求，如不满足，则重新计算。

四、任务分析

为了完成上述例题的任务，我们应该先画出原系统的伯德图，对照性能指标的要求去确定校正装置的类型。当校正装置类型确定后，就可以根据具体的性能指标要求进行参数的计算了。

五、任务实施

1. 确定原系统的相位裕度

根据稳态误差要求先画出原系统的伯德图和渐近线图，由伯德图确定原系统的相位裕度。

首先确定开环放大倍数 K，绘制原系统对数频率特性，确定原系统相位裕量 γ。

$$k_v = \lim_{s \to 0} sG(s) = \lim_{s \to 0} s \frac{K}{s(0.1s+1)(0.01s+1)} = K \geq 256$$

令 $K = 256$，待校正系统传递函数为

$$G(s) = \frac{256}{s(0.1s+1)(0.01s+1)}$$

其对数幅频特性如图 4-33 所示。

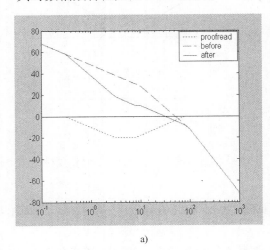

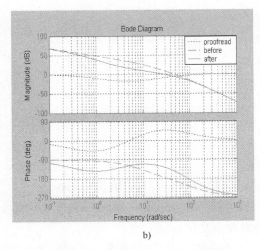

a)　　　　　　　　　　　　　　b)

图 4-33　原系统、校正装置及校正后系统的对数频率特性

a) 渐近线特性　b) 伯德图

由图 4-33 可见，令 $A(\omega_c) \approx \dfrac{256}{\omega_c \dfrac{\omega_c}{10}} = 1$，那么原系统幅值穿越频率 $\omega_c = 50.6$，则校正前系统

相位裕量为

$$\gamma = 180° + \varphi(\omega_c) = 180° + \left(-90° - \arctan \frac{\omega_c}{10} - \arctan \frac{\omega_c}{100} \right) = -15.6° < 45°$$

由于原系统不稳定，并且需要补偿的超前角度很大，所以采用滞后 - 超前校正。

2. 选择校正后系统的穿越频率 ω'_c

1）从相频特性可见，当 $\omega_c = 31.5$ 时，$\varphi(\omega_c) = -180°$，所以选 $\omega'_c = 31.5$，由滞后 - 超前校正网络在 ω'_c 处提供 +45° 的超前相位角。

2）确定滞后 - 超前校正网络的滞后部分参数 T_i 和 λT_i。选取 $1/T_i = \omega'_c/10 = 3.15$，$\lambda = 10$，则 $1/\lambda T_i = 0.315$，滞后 - 超前校正网络的滞后部分传递函数为

$$\frac{T_i s + 1}{\lambda T_i s + 1} = \frac{1}{\lambda} \frac{s + 1/T_i}{s + 1/\lambda T_i} = \frac{1}{10} \frac{s + 3.15}{s + 0.315}$$

3）确定滞后 - 超前校正网络的超前部分参数 T_d 和 λT_d。在原对数幅频特性上求 $L(\omega'_c)$，得 $L(\omega'_c) = L(31.5) \approx 20\lg \dfrac{256}{31.5 \times 31.5/10} \, \mathrm{dB} = 8.23 \, \mathrm{dB}$

根据图 4-33，过点 $(31.5, -8.23)$，作一条斜率为 +20 dB/dec 的直线，与 $-20\lg\lambda$ dB = -20 dB 直线相交的频率值为 $1/T_d = 8$，与 0 dB 线相交的频率值为 $\lambda/T_d = 80$，滞后 - 超前校

正网络的超前部分传递函数为

$$\frac{T_{\mathrm{d}}s+1}{T_{\mathrm{d}}/\lambda s+1}=\lambda\ \frac{s+1/T_{\mathrm{d}}}{s+\lambda/T_{\mathrm{d}}}=10\times\frac{s+8}{s+80}$$

校正装置的传递函数为

$$G_{\mathrm{c}}(s)=\frac{1}{10}\times\frac{s+3.15}{s+0.315}\times10\times\frac{s+8}{s+80}=\frac{(0.32s+1)(0.125s+1)}{(3.2s+1)(0.0125s+1)}$$

3. 验算

校正后系统传递函数为

$$G(s)G_{\mathrm{c}}(s)=\frac{256\times(0.32s+1)(0.125s+1)}{s(0.1s+1)(0.01s+1)(3.2s+1)(0.0125s+1)}$$

校正后系统相位裕量为

$$\gamma'=180°+\varphi(\omega'_{\mathrm{c}})$$

$$=180°+(\ -90°-\arctan0.1\times31.5-\arctan0.01\times31.5-\arctan3.2\times31.5-$$

$$\arctan0.0125\times31.5+\arctan0.32\times31.5+\arctan0.125\times31.5)\approx49°>45°$$

满足性能指标要求。

4. 采用仿真的方法对比校正前后的效果

将校正装置的频率特性曲线和校正后系统的频率特性曲线绘制在同一坐标系中，如图 4-33 所示。系统校正前后的单位阶跃响应和单位斜坡响应如图 4-34 和图 4-35 所示。由图形上可以看出，校正后的系统对阶跃信号和斜坡信号的追踪能力都变好了。

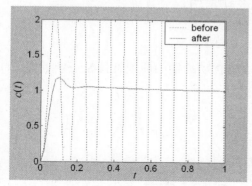 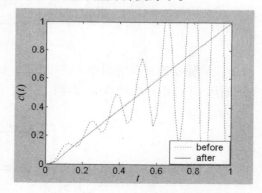

图 4-34　校正前后系统的单位阶跃响应　　　　图 4-35　校正前后系统的单位斜坡响应

习　　题

4.1　设单位反馈系统开环传递函数为

$$G_0(s)=\frac{200}{s(0.1s+1)}$$

试设计一个无源串联超前校正网络，使校正后系统的相位裕量不小于 45°，截止频率不低于 50。

4.2　设有一单位反馈系统，其开环传递函数为

$$G_0(s)=\frac{K}{s(s+1)(s+2)}$$

采用串联超前 – 滞后校正方法，使系统校正后满足速度误差系数 $k_v = 10$，相位裕量 $\gamma = 50°$，增益裕量 $GM \geq 10$ dB，试设计串联滞后 – 超前校正装置。

4.3 已知系统固有部分传递函数为

$$G_0(s) = \frac{K}{s(s+1)(0.1s+1)}$$

设计串联超前 – 滞后补偿网络，使开环放大系数 $K \geq 60$，最大超调量 $\sigma\% \leq 17\%$，过渡过程时间 $t_s \leq 2$ s。

4.4 设单位反馈系统开环传递函数为

$$G_0(s) = \frac{K}{s(0.1s+1)(0.01s+1)}$$

试设计一个串联超前 – 滞后校正装置，使得：

（1）静态速度误差系数 $k_v \geq 256$；

（2）截止频率 $\omega_c \geq 30$，相位裕量 $\gamma \geq 45°$。

4.5 设控制系统如图 4-36 所示，其中 $G_c(s)$ 是反馈校正装置，若要求校正后系统的静态速度误差系数 $k_v = 200$，超调量 $\sigma\% \leq 25\%$，调节时间 $t_s \leq 0.5$ s，试确定反馈校正装置 $G_c(s)$。

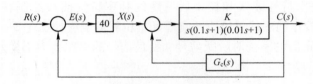

图 4-36 题 4.5 系统结构框图

4.6 设随动控制系统如图 4-37 所示，试选取按扰动补偿的前馈补偿校正装置 $G_c(s)$，使系统输出 $C(s)$ 不受扰动 $N(s)$ 影响。

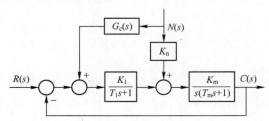

图 4-37 题 4.6 系统结构框图

4.7 设按给定补偿的复合控制系统如图 4-38 所示，若要求系统输出 $C(s)$ 完全不受扰动 $N(s)$ 的影响，且系统在斜坡输入作用下稳态误差为零，试确定 K 值及前馈补偿校正装置 $G_c(s)$。

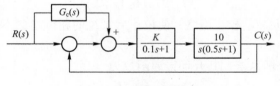

图 4-38 系统结构框图

情境五　精馏塔系统的综合分析与设计

经过之前四个情境的学习，相信读者已经掌握了时域和频域的分析设计方法。本情境将综合以前学过的理论和实践知识，对被控对象提出性能指标要求，按照性能指标要求结合系统本身的性能利用频域的方法设计调节器，使系统的性能指标达到要求。本情境采用的被控对象是 THCPGJ－1 型玻璃塔精馏实验装置。该实验装置实物图如图 5-1 所示。

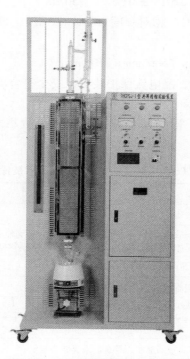

图 5-1　THCPGJ－1 型玻璃塔精馏实验装置实物图

混合物的分离是化工生产中的重要过程。精馏是化工生产中分离互溶液体混合物的典型单元操作，其实质是多级蒸馏，即在一定压力下，利用互溶液体混合物各组分的沸点或饱和蒸汽压不同，使轻组分（沸点较低或饱和蒸汽压较高的组分）汽化，经多次部分液相汽化和部分气相冷凝，使气相中的轻组分和液相中的重组分浓度逐渐升高，从而实现分离。精馏塔以进料板为界，上部为精馏段，下部为提馏段。一定温度和压力的料液进入精馏塔后，轻组分在精馏段逐渐浓缩，

离开塔顶后全部冷凝进入回流罐，一部分作为塔顶产品（也叫馏出液），另一部分被送入塔内作为回流液。共沸精馏主要适用于含共沸物组成且用普通精馏无法得到纯品的物系。通常，加入的分离媒质（也称夹带剂）能与被分离系统中的一种或多种物质形成最低恒沸

物，使夹带剂以恒沸物的形式从塔顶蒸出，而塔釜得到纯物质。压力、液位和温度是精馏塔常用的控制对象，液位恒定阻止了液体累积，压力恒定阻止了气体累积。对于一个连续系统，若不阻止累积就不可能取得稳态操作，也就不可能稳定。压力是精馏操作的主要控制参数，压力除影响气体累积外，还影响冷凝、蒸发、温度、组成、相对挥发度等塔内发生的几乎所有过程。

下面对 THCPGJ – 1 型玻璃塔精馏实验装置的相关参数做一说明。

1. 技术指标

1）操作压力：常压。

2）反应温度：60 ~ 80℃。

3）实验物料：水 – 乙醇 – 苯。

4）输入电源：单相三线制 220（1 ± 10%）V，50 Hz。

5）工作环境：温度 5 ~ 40℃，相对湿度 < 85%（25℃），海拔 < 4000 m。

6）装置容量：< 1 kV · A。

7）装置外形尺寸：1500 mm × 600 mm × 2500 mm。

8）安全保护：具有漏电压、漏电流保护装置，安全符合国家标准。

2. 装置组成

本装置主要由精馏对象、智能仪表控制系统及上位机监控软件组成，主要配置见表 5-1。

表 5-1　THCPGJ – 1 型玻璃塔精馏实验装置配置图

仪器设备名称	技 术 参 数	数量
装置框架	钢制喷塑，1500 mm × 600 mm × 2500 mm	1 套
精馏塔	透明玻璃，塔体 ϕ20 mm，填料层高 1.0 m，玻璃外罩 ϕ70 mm；塔外壁上下两段透明导电膜加热保温，加热功率各 300 W；不锈钢 θ 网环填料，ϕ2 × 2 mm	1 台
塔釜	透明玻璃，500 mL，电热包加热功率 300 W	1 套
蛇管冷凝器	带油水分相器结构	1 台
回流比控制器	回流比 1 – 99∶99 – 1 秒内可调	1 台
热电阻	Pt100	2 个
无纸记录仪	192 × 64 像素液晶显示，具有记录存储功能	1 台
电控箱	断路器、工作指示灯、控制开关、继电器等	1 套
在线监控软件	THCPGJ – 1 型 V1.0	1 套

任务一　精馏塔温度控制系统设计

一、任务目标

知识目标：

1. 掌握对已知系统按照性能指标要求进行校正的方法；

2. 掌握时域及频域中系统各个性能指标的计算方法。

能力目标：

1. 能够根据任务要求确定校正装置；
2. 能够根据系统传递函数确定系统的性能；
3. 能够根据系统校正前后的不同曲线比较系统的性能。

二、任务描述

在精馏塔的精馏过程中，由蒸汽加热塔釜底部流出液体，变为蒸汽与物料逆向流动进行热交换，期间需要控制提馏段的温度恒定。液体进料量随上游产量变化，波动较大。现需要设计系统控制器，以期达到控制目标。将这一过程经过简化后提炼出如下问题：将原系统数学模型近似简化为传递函数 $W_k(s) = \dfrac{10}{s(s+1)}$，现要求对系统加上控制器，之后系统能达到如下性能指标：引入控制器后，开环截止频率 $\omega_c' \geqslant 4.4\ \text{rad/s}$，相位裕量 $\gamma' \geqslant 45°$。

1）根据控制要求确定控制器的结构。
2）根据控制要求确定控制器参数 ω_c'、γ'。
3）理论验证控制器选择的正确性。
4）在同一坐标系里绘制原系统、校正装置、校正后系统对数频率特性，分析系统性能。
5）在实验箱上搭建原系统和加控制器后的模型，对比控制效果。
6）在仿真软件上建立模型，对比原系统和加控制器后的单位阶跃响应。

三、任务分析

若想达到给定的性能指标要求，首先应该计算出原系统的相位裕量及开环截止频率，在对原系统本身特性有所判断的基础上才能选择控制器的类型，确定完类型后才能按照要求进行参数的确定。

若想在实验箱上建立系统的数学模型，要先画出电路图，把系统分成各个典型环节，然后进行典型环节电路图的绘制，并且计算参数，在实验箱上连接信号进行典型特性的绘制。

在仿真软件上建立模型，只需要根据前面理论计算出来的参数进行模型搭建就可以了。

四、任务实施

1. 校正装置传递函数的计算

1）绘制原系统对数频率特性、确定原系统幅值穿越频率 ω_c 及原系统相位裕量 $\gamma(\omega_c)$，并与要求指标比较。

原系统传递函数：$W(s) = \dfrac{10}{s(s+1)}$，其对数幅频特性如图 5-2 所示。

求相位穿越频率：令 $A(\omega_c) \approx \dfrac{10}{\omega_c \omega_c} = 1$，得：$\omega_c = 3.16 < 4.4$

校正前系统相位裕量：$\gamma = 180° + \varphi(\omega_c) = 180° + (-90° - \arctan\omega_c) = 17.9 < 45°$，因此采用串联超前校正，即 PI 控制器。

2）计算串联超前校正装置的传递函数。

设超前校正装置传递函数为：$W_c(s) = \dfrac{\alpha Ts + 1}{Ts + 1}$，其中 $\alpha > 1$。

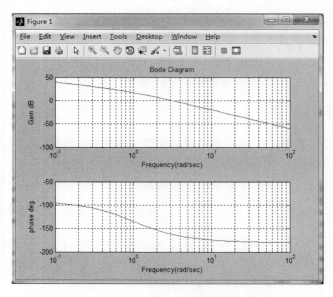

图 5-2　原系统对数频率特性

① 确定校正装置参数 α：

若校正后系统的截止频率 $\omega_{\mathrm{c}}' = \omega_{\mathrm{m}}$，其中 ω_{m} 是校正装置产生最大超前角时的角频率值，则原系统在 ω_{c}' 处的对数幅值 $L(\omega_{\mathrm{c}}')$ 和校正装置 α 的关系为

$$-L(\omega_{\mathrm{c}}') = 10\lg\alpha, \ 则：\alpha = 10^{-\frac{L(\omega_{\mathrm{c}}')}{10}}$$

其中：
$$L = 20\lg\frac{10}{\omega_{\mathrm{c}}'\sqrt{(\omega_{\mathrm{c}}')^2 + 1}} \approx 20\lg 10 - 20\lg\omega_{\mathrm{c}}' - 20\lg\omega_{\mathrm{c}}' = -6\ \mathrm{dB}$$

所以：$\alpha = 10^{-\frac{L(\omega_{\mathrm{c}}')}{10}} \approx 4$

② 确定校正装置参数 T：

$$W_{\mathrm{c}}(s) = \frac{\alpha Ts + 1}{Ts + 1} = \frac{\dfrac{1}{\omega_1}s + 1}{\dfrac{1}{\omega_2}s + 1}, \ 其中\ \omega_1 = \frac{1}{\alpha T}, \ \omega_2 = \frac{1}{T} = \alpha\omega_1$$

由于
$$\omega_{\mathrm{c}}' = \omega_{\mathrm{m}} = \sqrt{\omega_1\omega_2} = \frac{1}{\sqrt{\alpha}\,T}, \ 则：T = \frac{1}{\sqrt{\alpha}\,\omega_{\mathrm{m}}} = 0.114\ \mathrm{s}$$

超前校正装置传递函数为

$$W_{\mathrm{c}}(s) = \frac{\alpha Ts + 1}{Ts + 1} = \frac{0.456s + 1}{0.114s + 1}$$

3）确定校正后系统稳定裕量 $\gamma(\omega_{\mathrm{c}}')$，验证是否满足要求。

校正后系统传递函数：

$$W'(s) = W(s)W_{\mathrm{c}}(s) = \frac{10}{s(s+1)}\frac{0.456s + 1}{0.114s + 1}$$

校正后相位裕量：

$\gamma(\omega_{\mathrm{c}}') = 180° + (\omega_{\mathrm{c}}')$

$\qquad = 180° + (-90° - \arctan 4.4 - \arctan 0.114 \times 4.4 + \arctan 0.456 \times 4.4) = 49.8° > 45°$

满足要求。

4）在同一坐标系里绘制校正装置、校正后对数频率特性如图5-3所示。

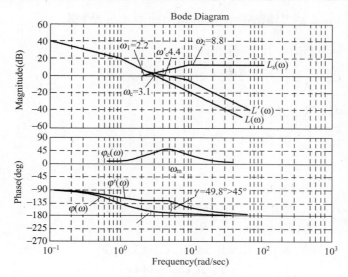

图5-3　串联超前校正

2. 绘制系统电路图

（1）绘制原系统电路图

由前述可知，原单位反馈系统开环传递函数：$W(s) = \dfrac{10}{s(s+1)} = \dfrac{10}{s}\dfrac{1}{s+1}$，可看成由积分环节和惯性环节构成。

注意：为了在实验箱上易于实现，若需要选择运放的输入电阻时，可首选 $100\,\text{k}\Omega$。

① 积分环节 $\dfrac{10}{s}$ 电路图的绘制。

如图5-4所示，其中 $K = 1/T = 1/RC = 10$，根据前述理论计算校正过程，把 R、C 值计算出来即可。

由 $K = 1/T = 1/RC = 10$，取 $R = 100\,\text{k}\Omega$，则 $C = 1\,\mu\text{F}$。

② 惯性环节 $\dfrac{1}{s+1}$ 电路图的绘制

如图5-5所示，因惯性环节放大系数为1，所以 $R_1 = R_2$，且 $T = R_2 C = 1$，则 R_1、R_2、C 值即可计算出来。如图所示，取 $R_1 = R_2 = 100\,\text{k}\Omega$，$C = 10\,\mu\text{F}$。

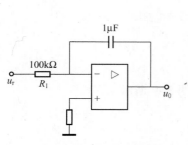

图5-4　积分环节电路图

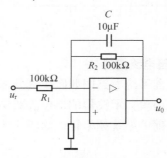

图5-5　惯性环节电路图

（2）绘制调节器原理图

参数计算：超前校正网络参数的计算

由已知：$W_c(s) = -K_c \dfrac{\alpha Ts+1}{Ts+1}$，绘制电路图如图5-6所示，系统作用于调节器时，开关是闭合的。

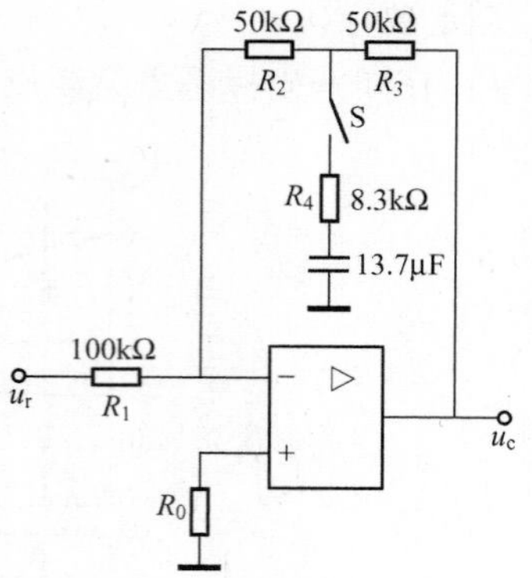

其中 $K_c = \dfrac{R_2+R_3}{R_1}$，$\alpha = 1 + \dfrac{R_2R_3}{R_4(R_2+R_3)} > 1$，$T = R_4C$

选定 $R_1 = 100\,\text{k}\Omega$，$R_2 = R_3 = 50\,\text{k}\Omega$

则：$K_c = \dfrac{R_2+R_3}{R_1} = 1$，$W_c(s) = -\dfrac{\alpha Ts+1}{Ts+1}$（计算时可不考虑"－"号）

由 $\begin{cases} \alpha = 4.4 \\ \alpha = 1 + \dfrac{R_2R_3}{R_4(R_2+R_3)} = 1 + \dfrac{25}{R_4} \end{cases}$

解得：$R_4 = 8.3\,\text{k}\Omega$，$C = 13.7\,\mu\text{F}$

$$T = R_4C = 0.114\,\text{s}$$

图5-6　有源串联超前校正网络

（3）串联超前校正后系统电路图的绘制

将前述各电路图依次连接起来，构成单位负反馈系统即可，如图5-7所示。其中，点画线框内的为控制器，开关断开，这个环节本身不起作用，开关闭合起到超前校正装置的作用。

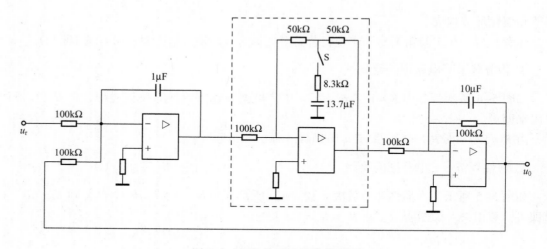

图5-7　超前校正后系统电路图

3. 实验箱电路搭建

1）校正前系统电路图如图5-8所示。

2）校正前模拟示波器的单位阶跃响应曲线如图5-9所示。

3）校正前的系统频率特性如图5-10所示。

图5-8　校正前系统电路图

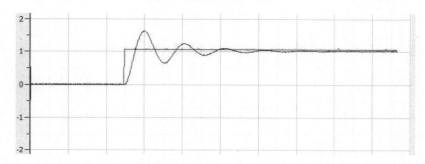

图5-9　校正前系统模拟示波器的单位阶跃响应曲线

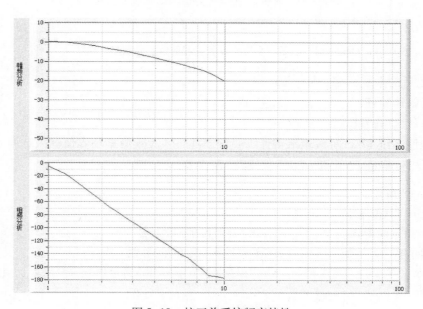

图5-10　校正前系统频率特性

4）校正后系统电路图如图5-11所示。

图5-11　校正后系统电路图

5）校正后系统模拟示波器的单位阶跃响应曲线如图5-12所示。

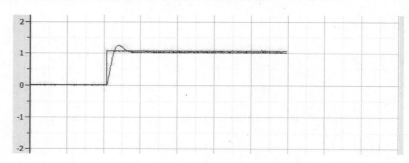

图5-12　校正后系统模拟示波器的单位阶跃响应曲线

6）校正后的系统频率特性。

4. 仿真软件验证

（1）命令窗口验证

① 绘制原系统 $W(s)$ 对数频率特性（见图5-13），并求原系统幅值穿越频率 w_c、相位穿越频率 w_j、相位裕量 P_m ［即 $\gamma(\omega_c)$］、幅值裕量 G_m。

```
num = [10];
den = [1,1,0];
W = tf(num,den);                 % 求原系统传递函数
bode(W);                         % 绘制原系统对数频率特性
margin(W);                       % 求原系统幅值裕量、相位裕量、相位穿越频率、幅值穿越频率
[Gm,Pm,wj,wc] = margin(W);
grid;                            % 绘制网格线
```

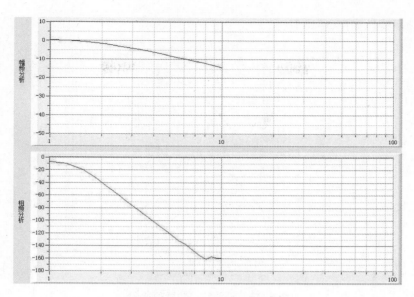

图 5-13　校正后系统频率特性

原系统伯德图如图 5-14 所示，其幅值穿越频率、相位裕量、幅值裕量从图中可见。另外，在 MATLAB Workspace 下，也可得到此值。由于幅值穿越频率和相位裕量都小于要求值，故采用串联超前校正较为合适。

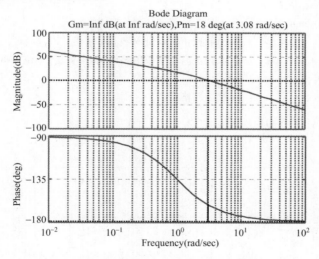

图 5-14　（超前校正）校正前系统伯德图

② 绘制校正装置 $W_c(s)$ 对数频率特性。

```
numc = [0.456,1];
denc = [0.114,1];
Wc = tf(numc,denc);              %求校正装置传递函数
Wc(s)
bode(Wc);                        %绘制校正装置对数频率特性
grid;                            %绘制网格线
```

其对数频率特性如图 5-15 所示。

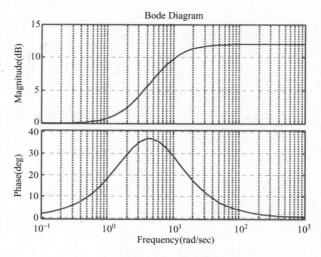

图 5-15　超前校正装置伯德图

③ 绘制校正后系统 $W'(s)$ 对数频率特性，并求校正后系统幅值裕量、相位裕量、相位穿越频率和幅值穿越频率。

```
numh = conv(num, numc);
denh = conv(den, denc);
Wh = tf(numh, denh);        % 求校正后系统传递函数 Wₕ
bode(Wh);                   % 绘制校正后系统对数频率特性
margin(Wh);                 % 求校正后系统幅值裕度、相位裕度、相位穿越频率和幅值穿越频率
[Gm, Pm, wj, wc] = margin(Wh);
grid;                       % 绘制网格线
```

其对数频率特性如图 5-16 所示。

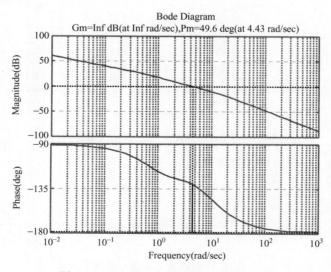

图 5-16　（超前校正）校正后系统伯德图

从图5-16可见其截止频率、相位裕量、幅值裕量，校正后各项性能指标均达到要求。

④ 在同一坐标系里绘制校正前、校正装置和校正后系统对数频率特性。

```
bode(W,':');          %绘制原系统对数频率特性
hold on;              %保留曲线，以便在同一坐标系内绘制其他特性
bode(Wc,'-.');        %绘制校正装置对数频率特性
hold on;              %保留曲线，以便在同一坐标系内绘制其他特性
bode(Wh);             %绘制校正后系统对数频率特性
grid;                 %绘制网格线
```

其对数频率特性如图5-17所示。

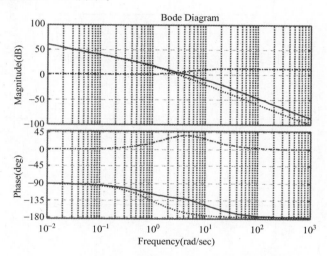

图5-17　（超前校正）校正前、后、校正装置伯德图

（2）Simulink窗口模型搭建

① 原系统单位阶跃响应。

原系统仿真模型如图5-18所示。

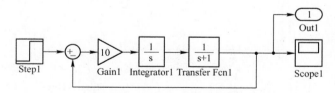

图5-18　（超前校正）原系统仿真模型

系统运行后，其输出阶跃响应如图5-19所示。

② 校正后系统单位阶跃响应。

校正后系统仿真模型如图5-20所示。

注意：假设已补偿超前校正装置对系统放大系数造成的衰减。

系统运行后，其输出阶跃响应如图5-21所示。

③ 校正前、后系统单位阶跃响应比较。

仿真模型如图5-22所示。

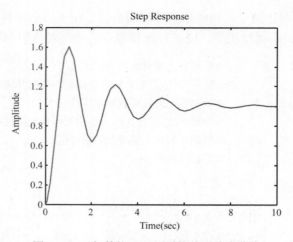

图 5-19 （超前校正）原系统阶跃响应曲线

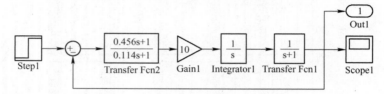

图 5-20 （超前校正）校正后系统仿真模型

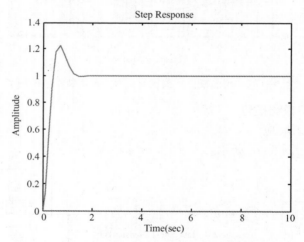

图 5-21 （超前校正）校正后系统阶跃响应曲线

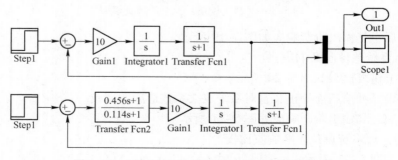

图 5-22 （超前校正）校正前、后系统仿真模型

系统运行后，其输出阶跃响应如图 5-23 所示。

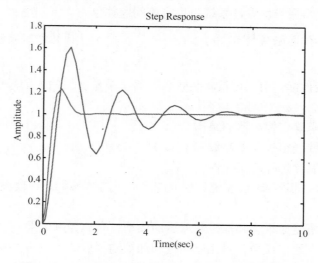

图 5-23 （超前校正）校正前、后系统阶跃响应曲线

五、结论

以上从理论计算、实验箱电路模块搭建及 MATLAB 仿真几方面都证明了所选控制器的正确性。以后针对实际系统设计时也是要先进行控制器的选型，然后再通过理论计算加仿真进行验证。

任务二　精馏塔塔釜液位系统综合设计

一、任务目标

知识目标：

1. 掌握对已知系统按照性能指标要求进行校正的方法；
2. 掌握系统各个性能指标的计算方法。

能力目标：

1. 能够根据任务要求确定滞后校正装置；
2. 能够根据系统传递函数确定控制参数，并按照校正要求改变参数。

二、任务描述

精馏过程的主要装置是精馏塔，在实际生产中，为了防止釜液抽干或底层塔板被釜液淹没，破坏再沸器的热循环，影响精馏塔的正常操作，因此必须对塔釜液位进行控制，使它维持在一定范围内变化。精馏装置投入运行以来，其精馏塔塔底液位的波动一直很大，塔底液位自动控制系统难以发挥应有的作用。从液位的记录曲线来看，液位的波动范围最小为全量程的 80% 左右，液位经常处于最高或最低指示状态，且经多次现场观察和记录，由最高液位降至最低液位的时间一般在 3 s 左右。而经过初步的工艺核算，当塔底调节阀全开时，液位由最高降至最低理论上需 1 min。很显然，浮球的上下波动没有真实地反映液位的变化情况。为改善这种状况需要重新设计系统，现将该问题抽象为如下问题：

被控对象的开环传递函数为 $W_k(s) = \dfrac{10}{s(s+1)\left(\dfrac{s}{4}+1\right)}$，现要求对系统加上控制器，之后

系统能达到如下性能指标：引入该校正装置后，系统单位斜坡输入信号作用时稳态速度误差系数为 10，相位裕量 $\gamma(\omega_c)' \geqslant 30°$。

1）根据控制要求确定控制器的结构。

2）根据校正需要确定控制器参数和 $\gamma(\omega_c)'$。

3）理论验证控制器选择的正确性。

4）在同一坐标系里绘制原系统、校正装置、校正后系统对数频率特性，分析系统性能。

5）在实验箱上搭建原系统和加控制器后的模型，对比控制效果。

6）在仿真软件上建立模型，对比原系统和加控制器后的单位阶跃响应。

三、任务分析

若想达到给定的性能指标要求，首先应该计算出原系统的相位裕量及开环截止频率，在对原系统本身特性有所判断的基础上才能选择控制器的类型，确定完类型后才能按照要求进行参数的确定。

若想在实验箱上建立系统的数学模型，要先画出电路图，把系统分成各个典型环节，然后进行典型环节电路图的绘制，并且计算参数，在实验箱上连接信号进行典型特性的绘制。

在仿真软件上建立模型，只需要根据前面理论计算出来的参数进行模型搭建就可以了。

四、任务实施

1. 校正装置传递函数的计算

1）绘制原系统对数频率特性、确定原系统幅值穿越频率 ω_c 及原系统相位裕量 $\gamma(\omega_c)$，

并与要求指标比较。原系统传递函数：$W_k(s) = \dfrac{10}{s(s+1)\left(\dfrac{s}{4}+1\right)}$，其对数幅频特性如

图 5-24 所示。

求相位穿越频率：令 $A(\omega_c) \approx \dfrac{10}{\omega_c\omega_c} = 1$，得：$\omega_c = 3.16$

校正前系统相位裕量：$\gamma(\omega_c) = -21° < 30°$，因此采用串联滞后校正。

2）计算串联滞后校正装置 PI 控制器的传递函数。

设滞后校正装置传递函数为：$W_c(s) = \dfrac{Ts+1}{\gamma_i Ts+1}$，其中 $\gamma_i > 1$。

① 确定校正后穿越频率 ω_c'。

从图 5-25 原系统对数相频特性上确定满足相位裕量要求（增加一定的补偿裕量）所对应的校正后穿越频率 ω_c' 值。

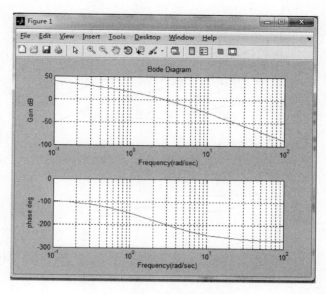

图 5-24　对数幅频特性

预选相位裕量：
$$\gamma(\omega_c') \approx 30° + 15° = 45°$$

从图 5-25 中读出校正后穿越频率：$\omega_c' \approx 0.7$

② 计算校正装置 γ_i。

原对数幅频特性在 ω_c' 处的对数幅值与校正装置参数 γ_i 的关系为

$$L(\omega_c') = 20\lg\gamma_i,\ 则：\gamma_i = 10^{\frac{L(\omega_c')}{20}}$$

其中：
$$L(\omega_c') = 20\lg\frac{10}{\omega_c'\ \sqrt{(\omega_c')^2+1}\sqrt{\left(\dfrac{\omega_c'}{4}\right)^2+1}} = 21.4$$

则：
$$\gamma_i = 10^{\frac{L(\omega_c')}{20}} = 11.75$$

③ 确定校正装置转折频率 ω_1、ω_2。

取：$\omega_2 = \dfrac{1}{T} = \dfrac{\omega_c'}{2\sim10} = \dfrac{0.7}{3.5} = 0.2$，则：$\omega_1 = \dfrac{1}{\gamma_i T} = \dfrac{0.2}{11.75} = 0.017$

滞后校正装置的传递函数为

$$W_c(s) = \frac{Ts+1}{\gamma_i Ts+1} = \frac{\dfrac{s}{\omega_2}+1}{\dfrac{s}{\omega_1}+1} = \frac{\dfrac{s}{0.2}+1}{\dfrac{s}{0.017}+1}$$

3）确定校正后系统稳定裕量 $\gamma(\omega_c')$，验证是否满足要求。

校正后系统传递函数：

$$W(s)W_c(s) = \frac{10}{s(s+1)(s/4+1)}\ \frac{(s/0.2+1)}{(s/0.017+1)}$$

相位裕量：$\gamma(\omega_c') = 180° + (\omega_c') = 30.53° > 30°$，满足要求。

4）在同一坐标系里绘制校正装置、校正后对数频率特性如图 5-25 所示。

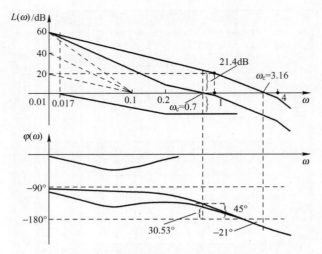

图 5-25　串联滞后校正对数频率特性

2. 绘制系统电路图

（1）绘制原系统电路图

原系统开环传递函数：$W(s) = \dfrac{10}{s(s+1)(s/4+1)} = \dfrac{10}{s} \dfrac{1}{s+1} \dfrac{1}{s/4+1}$，可看成由积分环节

和两个惯性环节构成。

① 积分环节 $\dfrac{10}{s}$ 电路图的绘制

同图 5-4 所示。

② 惯性环节 $\dfrac{1}{s+1}$ 电路图的绘制

同图 5-5 所示。

③ 惯性环节 $\dfrac{1}{s/4+1}$ 电路图的绘制

方法同上，电路如图 5-26 所示。

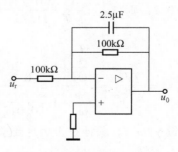

图 5-26　惯性环节电路图

（2）绘制调节器原理图

参数计算：滞后校正网络参数的计算。

由已知：$W_c(s) = -K_c \dfrac{\tau_2 s + 1}{\tau_1 s + 1}$，绘制电路图如图 5-27 所示，系统作用于调节器时，开

关是闭合的。

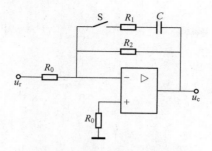

图 5-27　有源串联滞后校正网络

其中 $K_c = \dfrac{R_2}{R_0}$，$\tau_2 = R_1 C$，$\tau_1 = (R_1 + R_2) C$

且：$R_0 = R_2 = 100\,\text{k}\Omega$（任务书中给出）

则：$K_c = \dfrac{R_2}{R_0} = 1$，$W_c(s) = -\dfrac{\tau_2 s + 1}{\tau_1 s + 1}$（计算时可不考虑 "–" 号）

由
$$\begin{cases} \tau_2 = R_1 C = T = \dfrac{1}{\omega_2} = 5 \\[2mm] \tau_1 = (R_1 + R_2) C = \gamma_i T = \dfrac{1}{\omega_1} = 58.824 \end{cases}$$

解得：$R_1 = 9.3\,\text{k}\Omega$，$C = 538\,\mu\text{F}$

（3）串联滞后校正后系统电路图的绘制

将前述各电路图依次连接起来，构成单位负反馈系统即可，如图 5-28 所示。

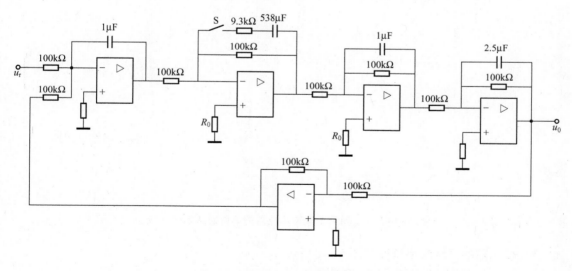

图 5-28　滞后校正后系统电路图

3. 实验箱电路搭建

1）校正前系统电路图如图 5-29 所示。

图5-29　校正前系统电路图

2）校正前模拟示波器的单位阶跃响应曲线如图5-30所示。

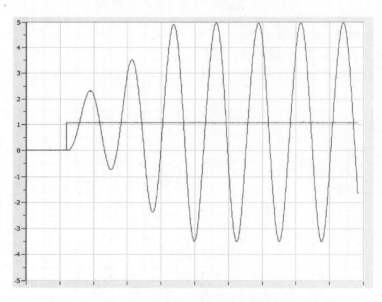

图5-30　校正前系统模拟示波器的单位阶跃响应曲线

3）校正前的系统频率特性如图5-31所示。

4）校正后系统电路图如图5-32所示。

5）校正后系统模拟示波器的单位阶跃响应曲线如图5-33所示。

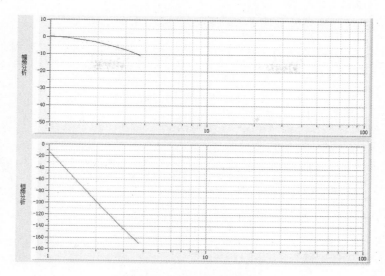

图 5-31　校正前系统频率特性

图 5-32　校正后系统电路图

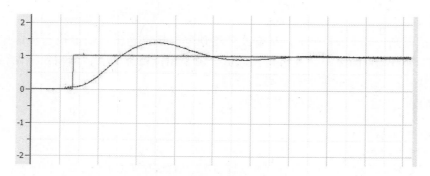

图 5-33　校正后系统模拟示波器的单位阶跃响应曲线

6）校正后的系统频率特性如图 5-34 所示。

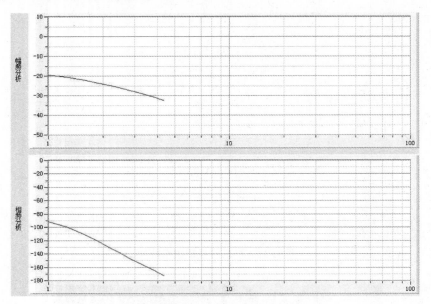

图 5-34　校正后系统频率特性

4. 仿真软件验证

（1）命令窗口验证

① 绘制原系统 $W(s)$ 的对数频率特性，并求原系统幅值穿越频率 ω_c、相位穿越频率 w_j、相位裕量 PM ［即 $\gamma(\omega_c)$］、幅值裕量 GM。

```
num = [10];
den  = conv(conv([1,0],[1,1]),[0.25,1]);       % 构造传递函数的分母（三个因式相乘）
W = tf(num,den);                               % 求原系统传递函数
bode(W);                                       % 绘制原系统对数频率特性
margin(W);                                      % 求原系统幅值裕量、相位裕量、相位穿越频率
                                                % 幅值穿越频率

[Gm,Pm,wj,wc] = margin(W);
grid;                                          % 绘制网格线
```

原系统伯德图如图 5-35 所示，其幅值穿越频率、相位裕量、幅值裕量从图中可见。另外，在 MATLAB Workspace 下，也可得到此值。由于相位裕量为负，且相频特性在穿越频率附近衰减很快，故采用串联滞后校正较为合适。

② 绘制校正装置 $W_c(s)$ 对数频率特性。

```
numc = [5,1];
denc = [58.824,1];
Wc = tf(numc,denc);             % 求校正装置传递函数 $W_c(s)$
bode(Wc);                       % 绘制校正装置对数频率特性
grid;                           % 绘制网格线
```

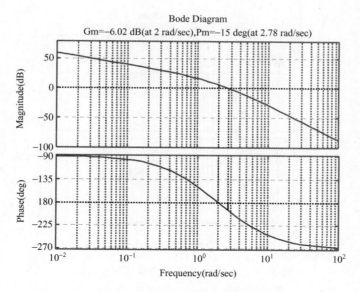

Bode Diagram
Gm=−6.02 dB(at 2 rad/sec),Pm=−15 deg(at 2.78 rad/sec)

图 5-35 （滞后校正）校正前系统伯德图

其对数频率特性如图 5-36 所示。

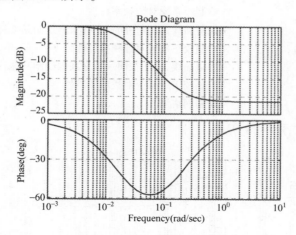

图 5-36 滞后校正装置伯德图

③ 绘制校正后系统 $W'(s)$ 对数频率特性，并求校正后系统幅值裕量、相位裕量、相位穿越频率和幅值穿越频率。

```
numh = conv(num,numc);
denh = conv(den,denc);
Wh = tf(numh,denh);            % 求校正后系统传递函数 Wₕ
bode(Wh);                      % 绘制校正后系统对数频率特性
margin(Wh);                    % 求校正后系统幅值裕度、相位裕度、相位穿越频率和幅值穿越频率
[Gm,Pm,wj,wc] = margin(Wh);
grid;                         % 绘制网格线
```

其对数频率特性如图 5-37 所示。

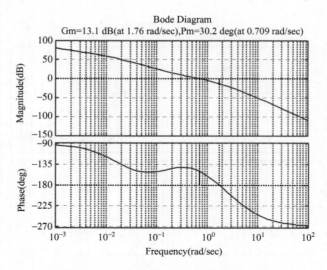

图 5-37 （滞后校正）校正后系统伯德图

从图 5-37 可见其相位裕量能够达到要求。

④ 在同一坐标系里绘制校正前、校正装置和校正后系统对数频率特性。

```
bode( W,′:′ );              % 绘制原系统对数频率特性
hold on;                    % 保留曲线,以便在同一坐标系内绘制其他特性
bode( Wc,′-.′ );            % 绘制校正装置对数频率特性
hold on;                    % 保留曲线,以便在同一坐标系内绘制其他特性
bode( Wh );                 % 绘制校正后系统对数频率特性
grid;                       % 绘制网格线
```

其对数频率特性如图 5-38 所示。

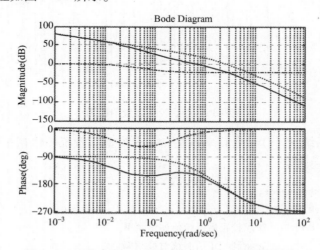

图 5-38 （滞后校正）校正前、后、校正装置伯德图

（2）Simulink 窗口模型搭建

① 原系统单位阶跃响应。

原系统仿真模型如图 5-39 所示。

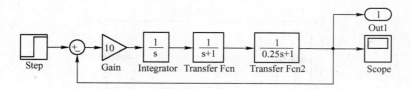

图 5-39 （滞后校正）原系统仿真模型

系统运行后，其输出阶跃响应如图 5-40 所示。

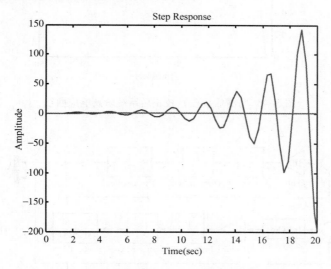

图 5-40 （滞后校正）原系统阶跃响应曲线

② 校正后系统单位阶跃响应。

校正后系统仿真模型如图 5-41 所示。

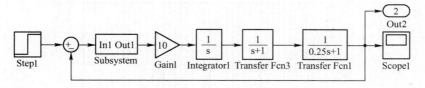

图 5-41 （滞后校正）校正后系统仿真模型

图 5-41 中模块 Subsystem 的结构如图 5-42 所示。

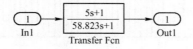

图 5-42 Subsystem 模块结构

系统运行后，其输出阶跃响应如图 5-43 所示。
③ 校正前、后系统单位阶跃响应比较。
仿真模型如图 5-44 所示。

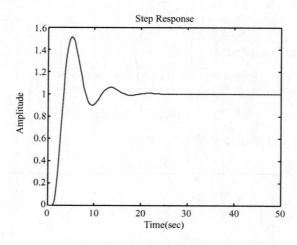

图 5-43 （滞后校正）校正后系统阶跃响应曲线

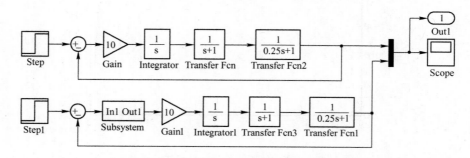

图 5-44 （滞后校正）校正前、后系统仿真模型

系统运行后，其输出阶跃响应如图 5-45 所示。

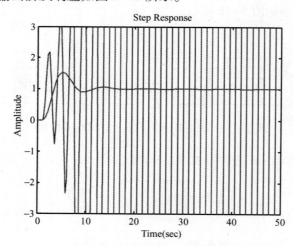

图 5-45 （滞后校正）校正前、后系统阶跃响应曲线

五、结论

以上从理论计算、实验箱电路模块搭建及 MATLAB 仿真几方面都证明了所选控制器的

正确性。以后针对实际系统设计时也是要先进行控制器的选型，然后再进行理论计算加仿真验证。

习　　题

5.1　已知单位反馈系统的开环传递函数为

$$G_0(s) = \frac{K}{s(s/10 + 1)}$$

若要求校正后系统的稳态速度误差系数 $k_v \geqslant 100$，相位裕量 $\gamma \geqslant 50°$，试确定串联超前校正装置。

5.2　已知一燃油调节控制系统的开环传递函数为

$$G_0(s) = \frac{K}{s(1 + 0.25s)(1 + 0.1s)}$$

设计要求静态速度误差系数为 10，相位裕量为 45°，试确定串联超前校正环节。

5.3　已知原有系统开环传递函数为

$$G_0(s) = \frac{K}{s(s + 1)(0.5s + 1)}$$

试设计一个串联滞后校正装置，使校正后开环增益 $K = 5$，相位裕量 $\gamma \geqslant 40°$，幅值裕量 $h \geqslant 10\ \text{dB}$。

5.4　设原有系统开环传递函数为

$$G_0(s) = \frac{K}{s(0.1s + 1)(0.2s + 1)}$$

若要求校正后系统静态速度误差系数 $k_v = 30$，相位裕量 $\gamma \geqslant 40°$，幅值裕量 $h \geqslant 10\ \text{dB}$，截止频率 $\omega_c \geqslant 2.3$，试设计串联滞后校正装置。

5.5　设单位反馈系统的开环传递函数为

$$G_0(s) = \frac{K}{s(0.05s + 1)(0.25s + 1)(0.1s + 1)}$$

若要求校正后系统的开环增益不小于 12，超调量小于 30%，调节时间小于 3 s，试确定串联滞后校正装置。

5.6　设单位反馈系统开环传递函数为

$$G_0(s) = \frac{K}{s(0.12s + 1)(0.02s + 1)}$$

试按期望特性法确定串联校正装置，使系统稳态速度误差系数 $k_v \geqslant 70$，调节时间 $t_s \leqslant 1\ \text{s}$，超调量 $\sigma\% \leqslant 40\%$。

附　　录

附录 A　本书使用的部分 MATLAB 指令

下面简要介绍书中所用到的 MATLAB 工具箱函数和常用的指令，以方便使用者阅读和使用书中有关 MATLAB 的内容，掌握其在自动控制原理课程中的应用。

设线性连续系统的传递函数为

$$W(s) = \frac{X_c(s)}{X_r(s)} = \frac{b_0 s^m + b_1 s^{m-1} + \cdots + b_{m-1}s + b_m}{a_0 s^n + a_1 s^{n-1} + \cdots + a_{n-1}s + a_n}$$

MATLAB 中传递函数由其分子和分母多项式唯一地确定出来。作为一种约定，分子多项式用 num 表示，$num = [b_0, b_1, b_2, \cdots, b_m]$；分母多项式用 den 表示，$den = [a_0, a_1, a_2, \cdots, a_n]$。

1. 常用的通用操作指令

指　令	含　义
cd	设置当前工作目录
clf	清除图形窗口
clc	清除命令窗口的显示内容
clear	清除 MATLAB 工作空间中保存的变量
dir	列出指定目录下的文件和值的目录清单
edit	打开 M 文件编辑器
exit	关闭/退出 MATLAB
quit	关闭/退出 MATLAB
which	指出其后文件所在的目录
help	获取帮助信息

2. 常用绘图函数

指　令	含　义
plot(x,'s')	绘图函数。其中 s 用来设置曲线线型、色彩、数据点标记符号的选项字符串。一般默认设置为"实线"
hold on	使当前轴与图形保持不变，准备在此图上再叠加绘制新的图形
hold off	使当前轴与图形被刷新，不再叠加绘制新的图形
hold	当前图形是否具备被刷新功能的双向切换开关
grid	是否画出分隔线的双向切换指令

指　令	含　义
grid on	画出分隔线
grid off	不画出分隔线
subplot(m,n,i)	把图形窗口分割成 m 行 n 列的子窗口，并选定第 i 个窗口为当前窗口
semilogx(x,y)	以 x 轴为对数坐标绘制对数坐标曲线
semilogy(x,y)	以 y 轴为对数坐标绘制对数坐标曲线

3. 常用图形标记

指　令	含　义
title	为图形添加标题
xlabel	为 x 轴添加标注
ylabel	为 y 轴添加标注
legend	为图形添加图例
text	在指定位置添加文本字符串

4. 模型建立函数

指　令	含　义
[mun,den] = parallel(mun1,den1, num2,den2)	两个系统的并联连接，连接后的分子、分母多项式分别在 nun、den 中
[num,den] = series(num1,den1,num2, den2)	两个系统的串联连接，连接后的分子、分母多项式分别在 num、den 中
[num,den] = feedback(num1,den1, num2,den2,sign)	两个系统的反馈连接，sign 为反馈极小，正反馈为 1，负反馈为 -1（不指明反馈极性时，系统自动默认为负反馈）
[numc,denc] = cloop(num,den,sign)	单位反馈系统的闭环形式
sys = tf(num,den)	建立系统传递函数模型

5. 模型变换函数

指　令	含　义
c2d(num,den,T,Method)	将连续系统离散化。T 为采样周期；Method 用来选择离散化方法，Method 的类型分别为：①'zoh'（零阶保持器）；②'foh'（一阶保持器）；③'tustin'（双线性变换法）；④'prewarp'（频域法）；⑤'matched'（零极点匹配法），如果省略参数 METHOD，默认为对输入信号加零阶保持器，即'zoh'
d2c(num,den,T)	将离散时间系统转换成连续时间系统，T 为采样周期
[z,p,k] = tf2zp(num,den)	将系统传递函数形式变换为零极点增益形式。z 为系统的零点，p 为系统的极点，k 为增益
[num,den] = zp2tf(z,p,k)	将系统零极点增益形式变换为传递函数形式

6. 时域响应函数

指　令	含　义
[y,x,t] = step(num,den)	求连续系统的单位阶跃响应。t 为仿真时间，y 为输出响应，x 为状态响应
[y,x,t] = step(num,den,t)	求连续系统的单位脉冲响应

指　令	含　义
[y,x,t] = impulse(num,den)	连续系统的仿真。u 为任意的系统输入信号
[y,x,t] = impulse(num,den,t)	
[y,x] = lsim(num,den,u,t)	

7. 频域响应函数

指　令	含　义
bode(num,den)	绘制连续系统的开环对数频率特性曲线（Bode 图）
bode(num,den,w)	绘制 Bode 图，w 为用户指定的某一频段矢量
[mag,phase,w] = bode(num,den)	把系统的频率特性转变成 mag、phase 和 w 三个矩阵，在屏幕上不生成图形
[mag,phase,w] = bode(num,den,w)	
nyquist(num,den)	绘制连续系统的开环幅相频率特性曲线（Nyquist 曲线）
[re,iu,w] = nyquist(num,den)	将系统的频率特性表示成矩阵 re、iu 和 w 三个矩阵，在屏幕上不生成图形
[re,iu,w] = nyquist(num,den,w)	
[gm,pm,wcp,wcg] = margin(num,den)	求增益和相位裕度。gm、wcg 为增益裕度的值与相应的频率，pm、wcp 为系统的相位裕度的值与相应的频率

8. 其他 MATLAB 指令

指　令	含　义
C = conv(A,B)	多项式乘法处理函数，A 和 B 分别表示一个多项式，C 为 A 和 B 的乘积多项式
Root(P)	多项式求特征根指令，P 为多项式
[r,p,k] = residue(num,den)	部分分式展开，r 为展开式中的留数，p 为极点，k 为整数项
dcg = dcgain(num,den)	求取系统的稳态误差
F = ztrans(f)	z 变换。F 是默认独立变量 n 的关于符号向量 f 的 z 变换，在默认的情况下就会返回关于 z 的函数：$F(z) = syssum(f(n)/z\hat{}n,n,0,inf)$
f = iztrans(F)	z 反变换。f 是默认独立变量 z 的关于符号向量 F 的 z 反变换，在默认的情况下，其返回所得到的是关于 n 的函数

附录 B　拉普拉斯变换对

	$F(s)$	$f(t),t \geqslant 0$
1	1	$\delta(t)$
2	$\dfrac{1}{s}$	$1(t)$
3	$\dfrac{1}{s^2}$	t
4	$\dfrac{n!}{s^{n+1}}$	t^n
5	$\dfrac{1}{(s+a)}$	e^{-at}
6	$\dfrac{1}{(s+a)^n}$	$\dfrac{1}{(n-1)!}t^{n-1}\mathrm{e}^{-at}$
7	$\dfrac{a}{s(s+a)}$	$1-\mathrm{e}^{-at}$
8	$\dfrac{ab}{s(s+a)(s+b)}$	$1-\dfrac{b}{(b-a)}\mathrm{e}^{-at}+\dfrac{a}{(b-a)}\mathrm{e}^{-bt}$
9	$\dfrac{\omega}{s^2+\omega^2}$	$\sin\omega t$
10	$\dfrac{s}{s^2+\omega^2}$	$\cos\omega t$
11	$\dfrac{s+a}{s^2+\omega^2}$	$\dfrac{\sqrt{a^2+\omega^2}}{\omega}\sin(\omega t+\varphi),\varphi=\arctan\dfrac{\omega}{a}$
12	$\dfrac{\omega}{(s+a)^2+\omega^2}$	$\mathrm{e}^{-at}\sin\omega t$
13	$\dfrac{s+a}{(s+a)^2+\omega^2}$	$\mathrm{e}^{-at}\cos\omega t$
14	$\dfrac{\omega_\mathrm{n}^2}{s^2+2\xi\omega_\mathrm{n}s+\omega_\mathrm{n}^2}$	$\dfrac{1}{\sqrt{1-\xi^2}}\mathrm{e}^{-\xi\omega_\mathrm{n}^t}\sin\omega_\mathrm{n}\sqrt{1-\xi^2}\,t$ $0<\xi<1$
15	$\dfrac{\omega_\mathrm{n}^2}{s(s^2+2\xi\omega_\mathrm{n}s+\omega_\mathrm{n}^2)}$	$1-\dfrac{1}{\sqrt{1-\xi^2}}\mathrm{e}^{-\xi\omega_{n}t}\sin(\omega_\mathrm{n}\sqrt{1-\xi^2}\,t+\theta)$ $\theta=\arccos\xi,0<\xi<1$

参 考 文 献

［1］ 王建辉，顾树生．自动控制原理［M］．北京：清华大学出版社，2007.

［2］ 黄坚．自动控制原理及其应用［M］．北京：高等教育出版社，2009.

［3］ 胡寿松．自动控制原理［M］．北京：科学出版社，2013.

［4］ 万百五，韩崇昭，蔡远利．控制论——概念、方法与应用［M］．北京：清华大学出版社，2009.

［5］ 王建辉．自动控制原理习题详解［M］．北京：清华大学出版社，2010.

［6］ 秦肖臻，王敏．自动控制原理［M］．北京：电子工业出版社，2014.

［7］ 邵裕森，戴先中．过程控制工程［M］．北京：机械工业出版社，2000.

［8］ 李红星，张益农．自动控制原理［M］．北京：电子工业出版社，2014.

［9］ 路线．复变函数与积分变换［M］．北京：科学出版社，2010.

［10］ 薛定宇．控制系统计算机辅助设计［M］．北京：清华大学出版社，2006.

［11］ 谢援朝．自动控制原理与仿真［M］．北京：中国电力出版社，2012.

［12］ 苏鹏声．自动控制原理［M］．北京：电子工业出版社，2011.

［13］ 黄家英．自动控制原理［M］．北京：高等教育出版社，2008.

［14］ 王海英，袁丽英，吴勃．控制系统的 MATLAB 仿真与设计［M］．北京：高等教育出版社，2009.

［15］ 熊晓君．自动控制原理实验教程［M］．北京：电子工业出版社，2009.